CREATIVE LOCAL
エリアリノベーション
海外編

馬場正尊
中江 研
加藤優一
中橋 恵
菊地マリエ
大谷 悠
ミンクス典子
阿部大輔
漆原 弘
山道拓人

JN246352

学芸出版社

序論：
衰退の先の未来を探す旅に出た。

馬場正尊

この本の目的

　2016年に『エリアリノベーション－変化の構造とローカライズ』という本を書いた。これは、従来型／行政主導の都市計画やまちづくりのプロセスではなく、小さな点の変化が共鳴し、つながり、面的に波及していく、ネットワーク型の変化が起こった街をリサーチしたものだ。その本の編集を通し、小さな変化が次の変化を呼び起こし、連鎖しながら自律的に継続するエリアの姿を見た。それを、まちづくりの次の概念、「エリアリノベーション」と定義した。

　さらに掘り下げなければならないテーマも見つかった。それは変化を街に定着させるためのシステム、制度、組織の設計や、行政や企業、ファイナンスとの関わり方などだ。エリアリノベーションが継続、定着していくにはこれらの社会システムのデザインが必要となってくる。

　それをどこに学べばよいのだろうか。日本より先に人口減少や縮退の局面を迎え、その先に新しい幸せな風景へと辿り着いた海外の街に目を向けた。そのような意味でこの本は、『エリアリノベーション』の続編、もしくは海外編と捉えることができる。

消滅自治体、縮退都市、限界集落…。将来を悲観的に予測する単語をよく目にする。僕らが今、考えなければならないのは、それを突き抜けた後にどのような世界をイメージするかということ。この本を書くことをきっかけにして、それを予感させる風景を探す旅に出た。

この本は、今見るべき街のガイドブックでもあり、状況を最大限に活かしながら、ドラスティックな変化をもたらす方法を示したマニュアルでもある。

産業が衰退した旧東ドイツやイギリスの都市、経済縮小と震災が重なったイタリアの村、財政破綻後のデトロイト…。これらの都市は一度、何らかのダメージを受け衰退を経験した。しかしその後、その場所ならではの方法で再生を遂げつつある。「再生」という言葉は適切ではないかもしれない。衰退を受け入れ、その状況をポジティブに変換し、新たな価値観やライフスタイルを生みだしている。

この本では各国で起こっている衰退を楽しむ実践を取材・分析し、変化の構造と、その地域ならではの方法をまとめている。

イタリアにおける価値観の逆転

初めてイタリアを訪れたのは1980年代の後半。その時はまさか30年後に、イタリアを参考に日本の未来を考えるなんて思ってもみなかった。当時の日本はバブル真っ只中。東京のカオティックな様相やスピード感に世界は未来を見ていた。レム・コールハースも、ヴィム・ヴェンダースも、その状況を建築や映像で表現した。

経済発展や技術革新に邁進する日本。この状況がずっと続き、その延長に未来があると思っていた。一方、観光で訪れたイタリアは、穏やかな日常が退屈にゆっくり過ぎているように見えた。少なくともその風景の中に未来を感じることはできなかった。

記憶を辿ると、30年前に感じたいくつかの違和感を思い出す。たとえば、イタリアでは役人や銀行員よりも、ものづくりの職人やレストランで働く料理人の方が給料も高く、人気もあった。当時の日本の常識からすると不思議だったが、今は普通に感じる人が増えているかもしれない。

　日本よりも早く衰退局面に入った、いや洗練の段階に入ったイタリア。日本のように圧迫感を感じながらあくせく働くのではなく、状況を享受しながら前向きに日々を楽しんでいる。楽観的すぎると感じたが、同時に羨ましく思えていたのは確かだ。その風景の中に、何か本質のようなものがあると感じていたのだろう。それがどんなものかは、はっきりとはわからなかったけれど。

新しい価値観の発明

　スローフード、アグリツーリズム、アルベルゴ・ディフーゾ……。この30年でイタリアが発明した概念や手法は、近代が重視してきた価値観をことごとくひっくり返している。速さではなくゆっくりを、工業ではなく農業を、選択と集中ではなく共有と分散を大切にしている。

　アルベルゴ・ディフーゾなどの新しい事業を始めた人にインタビューを行ったが、彼らに共通していたことがある。多くは一度、都会や海外の企業でビジネスマンとして働いた経験があり、その後、自分の育った街の美しさと衰退の様子を見て、事業の可能性を発見している。Uターンや I ターンの人が変化のきっかけになりやすいのは、日本もイタリアも同じようだ。

　そして誰もが必ず取材の最後に、いかに自分の街が素晴らしいかを生き生きと語り始める。新しい価値を彼ら自身がつくりだし、街の魅力を表現する言葉をたくさん持っている。日本の街が取り戻さなくてはならないのは、この誇りや愛情だと再認識させられた。

序論：衰退の先の未来を探す旅に出た。

イタリア・ピチニスコのアルベルゴ・ディフーゾ

最後の夜、シチリアのサーボカという崖にへばりついたような小さな街で、アルベルゴ・ディフーゾを運営している人と夕食を食べながらインタビューしたのだが、「La vita è bella（人生は美しい）」と、ワインを飲みながら連呼していて、ほとんど取材にならなかった。でも状況や風景を圧倒的に肯定するこの態度こそ、イタリア的未来の本質があるのかもしれないと思った。

これらのイタリアの街は決して活性化などしているわけではない。田舎で、不便で、辿り着くことすら難しい。ただ美しい自然と豊かな歴史があり、おおらかな人々と穏やかな日常、そしてたくさんの空き家があった。それらを資源と捉えれば、日本の地方はその宝庫だ。人口や経済力が失われつつある街でも、「ない」ということを見せ方によっては魅力に転換できる。

もちろんイタリアも、日本以上に数々の問題を抱えている。しかし、地域のアイデンティティや仕事をつくること、そして何よりその街で生きることを肯定し楽しむヒントを見ることができた。

壁崩壊後の旧東ドイツ

ドイツという国はこの100年、ヒトラーによる独裁と二度の大戦、東西冷戦からベルリンの壁の崩壊と、20世紀の激動にさらされ続けた。そして現在、EUの政治と経済を牽引し、環境・エネルギー先進国として技術や制度を革新し続けている。

特に旧東ドイツは1989年のベルリンの壁の崩壊によって、文字通り価値観の転換を迫られた。政治から経済まで、その変化と衰退は一気にやってきた。西側に人口が流出し、産業の空洞化により街は荒廃した。さらに、移民の受け入れに寛容だったため、空洞化したエリアには外国人が流入し、コミュニティ問題を抱えることになった。僕らが取材

したのはそんなエリアだ。

　旧東ドイツでエリアを変化させる原動力となったのは、アーティストやクリエイターたちだ。それはニューヨークで起こった現象と似ている。違うのは、彼らがファイナンスや制度について意識的だったことだ。そして社会運動のようなムーブメントを起こすことで、市民権を得ながら行政的な手続きを踏んでいった。そこがドイツらしく、日本でも参考にしやすい。合法的なスクウォッタリング（不法占拠）とでも言うべきか。まず強引に事を起こし、市民や社会、行政やメディアの声にも反応しながら、その空間を使う権利を段階的に獲得していく。アメリカのそれよりは、かなり穏やかなプロセスを経ている。

新しいパブリックが都市をつなぎあわせる

　特に興味深かったのが、パブリックという概念に対する意識だ。ニューヨークの場合は圧倒的な経済の力でエリアを変えていけるが、衰退局面にある街では難しい。その点、ライプツィヒやベルリンの郊外で起こっている変化は、日本でも参考になる部分が多い。

　旧東ベルリンでは、新しいタイプの公園が現れ始めていた。「プリンセスガーデン」と呼ばれるその公園は、放置されていた空き地をクリエイターたちがスクウォッタリングしたことから始まっている。畑を耕し、コンテナを置き、カフェを始め、今ではクラフトビールを出すバーや自転車や家具をリペアする工房などが軒を連ねている。ちょっとしたコミューン感のあるその場所は、いつしか街に定着し、観光名所にすらなっている。最初は違法状態だったが、市民運動や行政との調整を経て、クリエイターたちは借地料を支払うことで、オフィシャルにその場所を活用し続ける権利を手に入れた。現在では、Nomadisch Grün gGmbH という組織がこの場所を運営している。

ベルリンのプリンセスガーデン

旧西ベルリンの郊外にあるテンペルホーフ空港の風景はシュールですらある。ここは第二次世界大戦後、閉鎖された西ベルリンに空から大量の物資を供給した「ベルリン大空輸作戦」の舞台になるなど、数々の歴史が蓄積された場所でもある。2008年に使われなくなったものの、その滑走路や建築はそのまま残されている。

日本であればあっという間に宅地に開発されてしまいそうな場所である。しかしベルリンでは、その歴史的な背景もあり、新しいパブリックスペースの実験場として開放されている。膨大な敷地を小さく区切り、市民が畑にしたり、小屋を置いて週末を過ごしたり、都市の中にモザイク状に広がる巨大な市民農園のような様相を呈している。

このようなプロセスを経たパブリックスペースを、旧東ドイツではしばしば見かけた。東西ドイツの統合後、人口移動により空き地が増え、荒廃したエリアを再生する起点として、このようなタイプの公園が機能している。重要なのは、そこが単なるオープンスペースではなく、カフェや畑、工房など、具体的に人々が関わるインターフェースを持った場所だということである。それにより地域の人々が関与し、新しいコミュニティが醸成されていく。

負の遺産だと思われていた空き地や空き家を共有財とし、新しい所有と共有のバランスを模索した空間がつくられていた。所有と成長を前提にした日本の都市計画の限界の先に、僕らが見つけるべき方法論が、その風景にあるような気がした。

東西統一で否応なく価値観の変換を迫られたドイツでの試行錯誤。1970年代のアメリカのヒッピームーブメントの空気にも似ているが、かつてのカウンターカルチャーのように既存社会にアンチテーゼを振りかざすわけでもなく、プロセスを経ながら定着させてゆく、したたかさのようなものを感じた。

ドイツは50年間隔たっていた東西の社会の融合や、移民を受け入れ

ながら多様性の共存を模索し続けている。その努力がこの本で紹介する空き地や空き家、荒廃した産業遺産を新しい組織や制度を駆使して再生する手法に端的に表れている。結果的に先進国でも有数の、高い生産性と多様性の共存を実現している姿は、新しい社会システムの実験に窮しがちな日本へ示唆を与えてくれる。

次の芸術の主題は地域や生活にあるのか

　イギリスのリバプールにはアッセンブルの作品とその活動を確かめに行ってきた。2015年にイギリスの前衛的な若手アーティストに送られるターナー賞を受賞し、その対象となったのがグランビー・フォー・ストリートという郊外の荒廃した住宅地だった。そのエリアの再生プロセスや、住民たちと共につくられた空間・プロダクトの総体がアートとして認識され、受賞に至っている。一体その街で何が起こり、どんな風景がもたらされたのか。

　そこで見たのは、荒廃したイギリス北部の街を舞台に描かれた映画「トレインスポッティング」（1996年）に出てくる風景そのまま。板で窓がふさがれた空き家が点在し、かつて横行したであろうドラッグの名残さえ感じられる。アッセンブルはその中に拠点を構え、メンバーの一部は今でも街に住み、地元の人々と一緒に制作活動を継続していた。放置された住居をリノベーションし再び住宅市場に戻したり、廃墟から出た廃材を組み合わせ新しい家具やプロダクトを制作・販売しているが、そうした活動を何と定義したらよいのか。しかし、イギリスではそれをアートの枠組みで捉え、それ自体が物議を醸し出している。もはや変化のプロセス自体が作品と位置づけられているのである。

　2016年、ほとんど同じタイミングで南米チリのアレハンドロ・アラヴェナがプリツカー賞を受賞した。今まで造形的に美しくシンボリッ

序論：衰退の先の未来を探す旅に出た。

リバプールのグランビー・フォー・ストリート

クな建築作品を設計する建築家に与えられていた賞だ。しかし、ここで対象となったのは、低所得者層の集合住宅を居住者たちが自らDIYでつくったもので、まるでつくりかけの大きな工作のようなものだった。アラヴェナが提供したのは、基本部分の構造と設備、他者の介入が可能な余白の空間と、居住者がつくり続けることができるシステム。できあがった風景は、少なくとも今までのプリツカー賞的文脈からは美しいと言えるものではないだろう。ここで美しかったのはプロセスだ。表現の世界でも価値の変革が進んでいるのかもしれない。

産業から個人へ。街をつくる主役の交代

デトロイトが掲げる戦略は「創造的縮小都市」。それは日本の郊外住

宅地の未来に多くの示唆を与えてくれる。自動車産業の凋落と運命を共にしたデトロイトの衰退は壮絶で、1950年に180万人だった人口は2010年には70万人へと、60年間で6割減った。デトロイトは都市政策の失敗で、住宅地がダラダラと郊外に広がり、そこが空き家だらけの荒廃したエリアになっている。それはまさに日本の都市政策と同じである。この凄まじい風景は人ごとではない。

　産業（企業）の理論でひたすら拡大した都市を、いかにして縮小していくかの実験が、まさに今デトロイトで行われている。鍵となっているのが都市農業とネイバーフッド（地区コミュニティ）で、主役は個人の起業家たちだ。農業で荒れた風景を整え、小さな起業の集積で街を立て直している。近代とまったく逆の手法だ。拡大ではなく集約によって街の再生の手がかりをつかんでいるのは、この本のテーマである衰退の先の風景をまさに象徴している。

土地の値段がつかなくなる

　近い将来、日本の地方都市において、土地の売買が行われなくなった時、事実上、そこには値段がつかなくなってしまう。いや、すでにそうなっている街がたくさんあるはずだ。流通せず、担保価値もなくなった不動産は、固定資産税や維持管理費が負担となり、タダどころかマイナスですらある。また、街の風景に対する負のインパクトも大きい。使われない不動産が並ぶ街はゴーストタウン化し、一度そうなってしまうと再び息を吹き返すのは極めて難しくなる。

　土地の値段は上がるものと考える、キャピタルゲインしか知らない世代は、どうしてもその現実を受け入れることができず、今でも所有にすがっている。そして土地本位制度の幻想が街を呪縛する。所有していることが、そのまま幸せにつながる時代は終わった。

地方都市はそのことに一刻も早く気がつき、街の主導権を所有する側から、使う側へと手渡していく手法を考えなければならない。

重要なのは、その土地で何が行われるか。どんな人と暮らしたいか。その価値を、どんな言葉で表現すればよいのか、適切な単語はまだ見つからない。その曖昧な何かをしっかりつかまえ、再発見することがこの本のテーマでもあり、衰退の先に僕らが見つけたい価値観である。

疎な街のハッピーな妄想

では、日本における衰退の先の風景とはどのようなものであろうか。現在、日本の多くの地方都市で地域活性化事業が行われている。僕自身もいくつかの街でそれに携わっている。

しかし時に、その「活性化」という言葉に違和感を感じることもある。本当に活性化しなければならないのか？　そもそも活性化などできるのだろうか？

活性化の評価指標は、通行量や居住者数、事業者数だったりする。一方で、国土交通省は、2050年には居住地域のうち6割以上の地域で人口が半分以下に減少すると試算している。人口が減るのであれば、それらを活性化の評価基準にするのはおかしい。街の幸せを計る新しい物差しが必要なのではないだろうか。

島原万丈は「Sensuous City／官能都市」（LIFULL HOME'S 総研調査研究レポート）で、街の魅力を計る新しい指標を提示している。「ロマンスがある」「共同体に帰属している」など、一見ユニークで変わった指標のように見えるが、それは経済発展が置き去りにした、定性的で情緒的な事象を改めて丹念にすくいあげる物差しだ。

人口が増加し続ける社会においては、定量的な評価や利益を根拠に、都市の均質化を正当化してきた。しかし今の社会は、その局面にはない。

たとえば、必ずしも活性化してはいない、街の中心部の風景をイメージしてみよう。それは密ではない、疎な街の姿。住宅や商店がひしめきあっているかつての風景ではなく、空き地が増え、そこが小さな公園や畑や林になり、結果的に緑地が増え、その中に適度な間隔で住宅や店舗が散らばっている。車はほとんど走っていなくて、子どもが緑の中を駆け回って遊び、老人は木陰で穏やかにひなたぼっこをしている。数カ国にわたる「衰退の先の風景」を探す旅でリアルにイメージできたのはこんなシーンだった。そんな風景に思いをめぐらせていた時、ふと1枚の絵を思い出した。

新しいふるさと

僕が教えている山形の東北芸術工科大学建築・環境デザイン学科には、東日本大震災の後、被災地から高台移転の相談などが届くようになっていた。未曾有の被害を受けた街を目の当たりにした僕らは、この状況の中から改めて風景をどう描けばよいのか、以前と同じような気持ちで図面を描き、模型をつくっていいのか、躊躇していた。

そんな時、当時の副学長であり世界的な現代美術作家としても有名な宮島達男氏がふらりと学科の教室に入ってきた。そしてこのような言葉を置いていってくれた。

「今だからこそ、自分たちが本当に住みたい街の風景を素直に描くんだ。それが芸術の力だ。みんなでタブローを描け。」

力強く言って、去っていった。僕らはその迫力に半ばぽかんとしていたが、言われたことをゆっくり噛みしめるように反芻すると、次第にその言葉の意味が理解できるようになってきた。確かに今だからこそ理想を描くべきだし、そこから始めることがもっとも正しいスタートの切り方だ。

序論：衰退の先の未来を探す旅に出た。

　同じ学科で働く竹内昌義さんらと学生たちを集め、どのようなタブローを描くかディスカッションを繰り返した。そうやって描かれたのが次の絵だ。

　今の20代が住みたいのはこんな街だった。そこにはピカピカの未来があるわけではない。傾斜地に広がる田んぼや畑の中に家々が低密度に建っている。家はシンプルな切妻屋根の木造で、地域に存在していた家の形を継承しているようにも見える。東北で暮らしている彼らが素直に欲しいと思った風景は、現代建築が連なる都市ではなく素朴なものだった。もしかすると20代でなくても、次の時代の理想の風景はこんな感じなのかもしれない。それは世代を超えた共通感覚のように思える。

　この絵を眺めながら改めて思ったのは、僕は本当に自分たちが欲し

東北芸術工科大学の学生が描いた、未来に住みたい街の風景

いと思う未来の風景と向きあってきたのか、それを想像しようとして
きたのか、ということだった。目の前のプロジェクトにはもちろん真
摯に取り組んできたが、よりマクロな視点で、数十年の長いスパンで、
街を、都市を見据えていただろうか。もし、今の20代が理想として描
く風景がこのようなものだとするならば、社会はそちらに舵を切るべ
きだ。そんなことをこの絵に突きつけられた。

　これからも再生や活性化を目指すのか。自然競争と自然消滅を待つ
のか。それとも今回の旅で見てきたような衰退の先の風景を探すのか。

CREATIVE LOCAL のパラダイムシフト

　今回の旅で見てきた風景は、僕らの価値観のパラダイムシフトを象
徴している。人口が減少することで、20世紀が追い求めていた価値観
や手法は、あらゆる面で逆転している。

　占有することの欲望より、共有することの合理性や喜びに気がつき
始めた。

　大きく抽象的な組織へ所属することより、小さくても具体的な個人
ベースのつながりを大切にするようになった。

　社会構造はヒエラルキー型からネットワーク型へ移行し、貨幣資本
だけでなく社会関係資本が見直されている。

　その価値観の変化の最前線は地方／ローカルにこそある。

　この本のタイトルである「CREATIVE LOCAL（クリエイティブロー
カル）」には二つの意味がある。一つは「新しいローカル／地方をつく
ろう」という呼びかけ。もう一つは「ローカル」という言葉の意味を
再定義すること。

　突き抜けたクリエイティブはローカルにこそ生まれる。新たな価値
観と手法で、次の時代の風景をつくりたい。

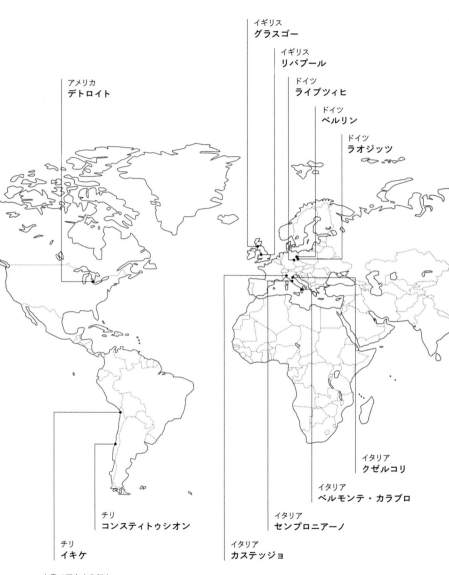

本書で紹介する都市

目次

序論：衰退の先の未来を探す旅に出た。
馬場正尊

002 この本の目的

003 イタリアにおける価値観の逆転

004 新しい価値観の発明

006 壁崩壊後の旧東ドイツ

007 新しいパブリックが都市をつなぎあわせる

010 次の芸術の主題は地域や生活にあるのか

011 産業から個人へ。街をつくる主役の交代

012 土地の値段がつかなくなる

013 疎な街のハッピーな妄想

014 新しいふるさと

016 CREATIVE LOCAL のパラダイムシフト

① イタリア：アルベルゴ・ディフーゾ
―街全体をホテルにする新しい観光／中橋 恵

024 アルベルゴ・ディフーゾとは

027 アルベルゴ・ディフーゾの事業形態とその成果

031 ボルゴ・ディ・センプロニオ：
地域文化の啓蒙運動で美しい風景を守る

036 エコベルモンテ：2人の兄弟が始めた漁村の再生

044 スローな復興を目指して

② イタリア：アグリツーリズム
―田舎のホスピタリティを価値に変える旅／菊地マリエ

048 なぜ、イタリアではアグリツーリズムが盛んなのか

057 ファットーリ・ファッジョーリ：アグリツーリズムの父に会いに

064 プリマ・オルトゥーラ：ミラノ的ビジネスセンスを田舎で活かす

③ ドイツ・ライプツィヒ：ハウスプロジェクト
―空き家を地域に開いて共有する／大谷 悠

072 住みながら直す：ハウスプロジェクトの日常

073 ライプツィヒの衰退と空き家

084 ハウスプロジェクトのしくみ

092 地域に開かれた自由な空間

096 衰退の先に見えた「空間の真価」

④ ドイツ・ベルリン：アーバンガーデン
―空き地を誰もが自由に使える庭へ／ミンクス典子

100 ベルリンの壁崩壊後に現れた大量の空き地

101 人々はなぜアーバンガーデンに惹きつけられるのか

104 ベルリンのプリンセスガーデン：
オーガニックなローカルエコノミーの実践

113 テンペルホーフ空港跡地のアルメンデ：
600人が関わる都市コモンズ

118 ライプツィヒ・ヨーゼフ通りの地域の庭：
コミュニティガーデンから広がるまちづくり

121 ドイツのアーバンガーデンを支える組織

5 ドイツ・ラオジッツ： インダストリアル・ランドスケープ
―かつての炭鉱を人々が憩う湖へ／中江 研

128　産業遺産と IBA
131　ラオジッツの産業遺産と IBA の立ち上げ
140　石炭採掘跡地を巨大な湖へ
144　活用される産業遺産
147　立ち行かなくなったプロジェクト
148　ここにしかないものの見つけ方

6 アメリカ・デトロイト： エリア再生というスタートアップ
―起業家のグラスルーツ活動が変えるコミュニティ／阿部大輔

152　モータータウンの繁栄と没落
161　空いた広大な土地を戦略的に農地化する
166　ゲリラアートが街路を再生する
167　サッカーがつくるコミュニティのネットワーク
169　音楽が街を楽しく変える
173　創造的縮小を目指す行政の戦略フレームワーク
176　分け隔てのない（Equitable）都市へ

7 イギリス・リバプール & グラスゴー： コミュニティ・アーキテクチャー
―アッセンブルとタクタルによる参加のデザイン／漆原 弘

180　コミュニティと地域を再生する建築家たち
181　アッセンブル：リバプールのグランビー・フォー・ストリートの開発

| 197 | タクタル：グラスゴーの運河エリアの開発 |
| 208 | コミュニティ・アーキテクチャーの新たな可能性 |

⑧ チリ：建築家の社会構築的アプローチ
—エレメンタルのソーシャルハウジング／山道拓人

212	地球の裏側のパラレルな世界
214	エレメンタル：DO Tank を標榜する建築家
217	クインタ・モンロイのソーシャルハウジング：
	イニシャルコストの2倍の社会的インパクトを生む
226	リマの実験住宅群 PREVI：メタボリズム再読
229	コンスティトゥシオン市の復興計画 PRES：
	問いをクリアにする社会構築的アプローチ
235	ツバメアーキテクツのソーシャル・テクトニクス

⑨ 寛容な風景を生む、組織とプロセス
—日本への示唆／加藤優一

241	日本における衰退の先の風景
243	CREATIVE LOCAL の組織
246	CREATIVE LOCAL のプロセス
249	CREATIVE LOCAL の風景
252	所有から所属へ

| 254 | おわりに：理想の風景から、方法を逆算する。 |

1

イタリア：
アルベルゴ・ディフーゾ
－街全体をホテルにする新しい観光

中橋 恵

なかはし・めぐみ｜日伊間文化コーディネーター。イタリア・ナポリ在住。1997年金沢大学工学部土木建設工学科卒業。1998 〜 2000年イタリア政府奨学金生、ロータリー奨学金生として、ナポリ大学工学部に留学。2001年法政大学大学院工学研究科修士課程修了、2006年ナポリ大学建築学部博士課程単位取得退学。現在は地域復興に関する調査、執筆、ワークショップ等の活動を行う。著書に『世界の地方創生』（共著、学芸出版社）ほか。

① アルベルゴ・ディフーゾとは

3,000の村が廃村になる危機

アルベルゴ・ディフーゾ（Albergo Diffuso）は、1976年のヴェネチア北部で発生した地震の後に、ジャンカルロ・ダッラーラ氏（Giancarlo Dall'Ara、マーケティングコンサルタント、アルベルゴ・ディフーゾ協会会長）が考案した宿泊施設を中心とした復興のための手法である。その後、イタリア各地でアルベルゴ・ディフーゾによる地域復興が実現されてゆき、現在は各地域の特徴を生かした個性的な宿に泊まりながら、地域カルチャーを体験できる宿泊を提供している。

「アルベルゴ」は「ホテル」、「ディフーゾ」は「分散する」という意味をもち、直訳すると「分散したホテル」となる。本来のホテルは、レセプション、ロビー、客室、レストランなどが一つの建物の中に垂直方向に入っているのに対し、アルベルゴ・ディフーゾでは、レセプションから客室、レストラン、売店まですべてが町全体に水平方向に分散しているのが特徴である。

日本に次いで高齢化社会へ突入したイタリアの総人口は、2013年をピークに緩かに下降し続けている（2016年現在、約6,000万人）。これを受けて、特に経済基盤が弱い中南部イタリアを中心に廃村へと向かっている自治体が3,000近くあるとされる。実際に中南部イタリアの小さな村や集落を訪れると、多くの空き家が並ぶ路地には、ところどころに一人暮らしの老人が居住しているのをよく目にする。こうした最後の住民たちが少しずつ消え去り、10年以内には数千の村や集落が消えることになる。

もはや、廃墟化を止めることは不可能である。インフラ設備や医療設備が十分に行き届かなくなった集落でどんなにもがいても、住み続けるには限界がある。廃墟化せざるをえない集落もあれば、産業や観光に活用できそうな未着手の資源をもつ集落もある。イタリアの数々の小さなコムーネ（自治体）を調査していて重要なポイントだと思うのは、住民や外部からやってくる事業者たちが、自身の生活や事業の向上だけでなく、どのようにその村や集落と老いていきたいかを考えていることだ。

アルベルゴ・ディフーゾのしくみ

崩れかけているか、すでに朽ちてしまった屋根の下には、ゴミだらけの空き家が並んでいる。遠方または海外に居住する空き家の所有者が、徐々に家の管理にさえも戻ってくることがなくなっているのがわかる光景である。このような廃墟化していく小さな町の中でも、5年、10年というスパンで、少しずつ建物を改修して宿泊施設にしようと試みる事業者がいる。

アルベルゴ・ディフーゾは、ジャンカルロ・ダッラーラ氏が1976年に考案して以来、いくつかの町で試みたが、空き家の所有者がイタリア国外に居住していることが多く、なかなか実現しなかった。この宿泊モデルの原型がスタートするのは、90年代半ばになってからで、サルディーニャ島中西部にあるボーザという町であった。サルディーニャ州政府が、アルベルゴ・ディフーゾを宿泊施設としてイタリアで初めて認可したことから、州内各地にアルベルゴ・ディフーゾがいくつもオープンした。

宿泊施設としては少数派であったが、アルベルゴ・ディフーゾ協会が発足してその活動に共感した人たちが新規に事業者となったり、休暇用貸家から衣替えする事業者などで少しずつだが増加している。

2017年10月現在では、94ものアルベルゴ・ディフーゾが協会に登録しており、協会に登録していないアルベルゴ・ディフーゾも含めると150軒ぐらいではないかとされている。今では、イタリア国外のスペインやクロアチアなどにも数軒誕生している（*1）。

アルベルゴ・ディフーゾは、イタリアで認可されている宿泊施設の類型の中で、ホテルのカテゴリーに属しており、基本的にホテルと同等の設備を備えていなければならない。トイレ・バスが各部屋についていることはもちろん、リビングやキッチンがついているところもある。こうした特徴は、ホテルでの滞在時間が長いヨーロッパ人の旅行スタイルをよく反映している。

アルベルゴ・ディフーゾを考案したダッラーラ氏は、最初にイタリア独特の宿泊施設スタイルを考えだす際に、日本の旅館を参考にしたそうである。単に空き家の鍵を渡せば終わり、レセプションから歩いて部屋に案内すれば終わり、チェックアウト時まで宿泊客と会話をしないようなら、それはアルベルゴ・ディフーゾ協会が考えるような「町全体で受け入れるおもてなし」にはならない。世界中からやってくる観光客に十分なおもてなしができるのは、複数の言語を使え、細やかに気を配れるプロの事業者やスタッフがいるからである。

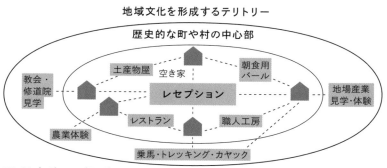

アルベルゴ・ディフーゾのモデル

② アルベルゴ・ディフーゾの 事業形態とその成果

ハードな経営を軌道に乗せるポイント

　アルベルゴ・ディフーゾの事業形態は、各事業者によってさまざまである。協会に登録されている94の事業者のほとんどは、民間の個人事業者または有限会社をつくって運営されている。多くが投資家や起業家、元々の貸家経営からの転身である。事業者は地元出身で近郊居住者が最も多い。

　どこも共通しているのは、少なくとも1～2軒の住宅を元々所有していた人が、少しずつ住宅を購入または賃貸することで6部屋以上の居室を整えていることである。イタリアの宿泊業法ではアルベルゴ・ディフーゾは最低6部屋を持つことが決められているが、これまで調査したなかでよく機能しているところは、平均して10～12部屋で運営されていることが多かった。10部屋以上になると、レセプションを施設として構えており、スタッフも数名雇用している。このようなところは、地域の気候、地理的条件、歴史、食材を生かしながら、独自のアイデアで観光サービスをつくりだしているため、スタッフの数、宿泊客数も年々伸びている。

　元々は小さな町や村でホテルを営業していたオーナーが、少しずつ周辺の空き家を購入または賃貸してアルベルゴ・ディフーゾとして経営しているところもある。この場合は、レセプションやレストラン、朝食ルームは基本的にホテルの内部にあるため、町を出歩く必要がなく、結果的に住民と触れる機会が少ない。

　空き家を持つ不動産オーナーが集まって共同経営しているところも

ある。より少ない予算で、アルベルゴ・ディフーゾをスタートすることができるが、副業として運営されているため、レセプションに人がいないなど、単に宿泊するだけという段階のものが多い。それぞれの住宅内部の改築やインテリアのスタイルが異なるため統一感に欠け、スタッフもいないのでてなされているという印象は薄い。

EUの補助金ですべてを改築したり、市役所と土地を共同購入して運営されているようなところも数軒ある。これまで地域に観光業が根づいておらずソフト面が不十分で、住民との連携をとるのも難しそうであるが、少しずつ伸びている。

経営形態	特徴
アルベルゴ・ディフーゾとしての開業	アルベルゴ・ディフーゾの理念通りに、村中に建物が分散している。投資額が大きい
元ホテルが、少しずつ周辺の空き家を貸し部屋に購入・賃貸して増設	元ホテル内にレセプション、朝食ルーム、レストランがあるため、町の人と接することが少ない
バカンス用の貸家オーナーが、空き家を購入・賃貸して増設	アルベルゴ・ディフーゾとして機能しているところとそうでないところの差が著しい
何人かのオーナーの空き家を集めて経営	比較的簡単に、アルベルゴ・ディフーゾとして認可を受けて経営できるが、統一感やコンセプトに欠けることが多い

アルベルゴ・ディフーゾの経営形態

地元の住民がふらっと立ち寄れる場所

ほとんどのアルベルゴ・ディフーゾが実践しているのは、地元の食材を使った地産地消のメニューを備えたレストラン経営である。レストランは、有機栽培の地元の食材を使用し、100年以上前からあるメ

ニューを再現しているところまである。「食」を通じた文化復興というのは、言葉がわからない外国人にも最も効果的に伝達することができる。歴史に興味がない人やトレッキングをしない人はいても、「食」への興味は万国共通だからである。

レストランを経営するアルベルゴ・ディフーゾでは、そのレストランで宿泊者に朝食を提供する。朝食には有機栽培の麦や野菜、果物などを使う。イタリア人の朝食というのは、日本でいうおやつで、甘いクロワッサン、パウンドケーキ、クッキーとカプチーノというのが定番であるが、外国人の観光客には、ハムやチーズ、野菜などを出すところも増えてきた。

もう一つの特徴は、アルベルゴ・ディフーゾ協会が提唱する定義通り、朝食を提供するレストランやバールは、地元の人も利用できるよう開放されていることである。実際に私も、バールで朝食をとりながら、住民とバールの女性の何でもない村の出来事の会話に加わってしまったこともある。

地元の老人がふらっと立ち寄ってくるアルベルゴ・ディフーゾは、住民との連携がうまくいっている証である。アルベルゴ・ディフーゾに出入りする人々が、ステイタスがありそうな紳士淑女やお洒落に着飾った若者だけではなく、普段着の住民であればあるほどよい。「住んでいるような感覚」を観光客にわざとらしく提供するサービスは嬉しくないが、住民の普段通りのさりげない生活シーンに入り込めた時の旅の記憶というのは、なかなか消えないものだからである。

宿泊する人、働く人

アルベルゴ・ディフーゾでは、通常のホテルよりも労働時間が長い上に、レセプションは従業員に任せて経営者が出てこないという訳にはいかない。レストランも経営するとなると、早朝から深夜まで立ちっ

ぱなしである。アルベルゴ・ディフーゾの部屋数は平均10部屋前後で
あるので、宿泊料金が高めになってしまうのはやむをえない。宿泊料
金が低めの場合は、3泊から1週間の連泊を予約の条件にしていると
ころもある。実際にヨーロッパ人の宿泊滞在日数は、最低2〜3泊である。

　宿泊者は、イタリア人をターゲットにしているところはイタリア人
が多く、外国人をターゲットとしている価格設定が高めのところは外
国人が多い。外国人は、デンマークやスウェーデンなどの北ヨーロッ
パ人やアメリカ人に人気が高い。宿泊客の年齢層は30〜50代が中心で
ある。若い世代には料金が高すぎるのと、高齢者には駐車場から宿ま
での距離や村の坂や階段を登るのが厳しくなる。アクセスが悪いとこ
ろが多いため、車が運転できないと到達できない。

　このようにアルベルゴ・ディフーゾは、ようやく開業して第一歩を
踏み出し、少しずつ経営が軌道に乗りはじめたというところがほとんど
である。大きくなっているように見えても、まだ投資を回収している段
階のところが多い。こうしたところは雇用も増えてはいる。バールで
働く若者、部屋や家の掃除をするパートの主婦、他の職業から転職し
てきた運転手、レストランのボーイなどである。文化団体をつくった
アルベルゴ・ディフーゾでは、地元の食材の生産者、他の飲食店、ト
レッキングガイドなど、地域全体で収入が少しずつアップしている。

　アルベルゴ・ディフーゾの営業をスタートするには、自治体に許可
申請書を提出し、州法が定める条例を満たしている必要がある。アル
ベルゴ・ディフーゾにおける条例は、2017年6月現在の時点で州によっ
て大きな差が残ったままである。

　たとえば、カンパニア州では、敷地条件、経営方法、宿泊用の建物
について、積極的に細かい条例を設けている。その詳細は、アルベル
ゴ・ディフーゾを開業できるロケーション（歴史的な中心部または地
区であるか）、宿泊施設やレセプション用の建物の選定基準、路地や小

広場など周辺の環境、建物の建築的なディテール、部屋の面積、バス・トイレ設備の設置、朝食ルームに関する事項、朝食として提供する地産地消の材料についてなどに及ぶ。

　次節以降で紹介するのは、辺境の村や集落で観光地として世界中から注目を浴びるには、実は、自分たちの住む地域の歴史や文化を再評価すればよかったということに気がついた二つの村の事例である。
　斬新なデザインによる改修や、カリスマ実業家による経営が世界的に注目を集める例もあるが、本書では、アルベルゴ・ディフーゾの本質である地域復興に住民と長年協力しながら努力を重ねてきている宿を紹介したい。紹介する両事業主がアルベルゴ・ディフーゾの経営を通じて目指しているテーマは、先人たちの築いた土地の文化、フォークロア（風習）、環境と農業の文化、ソーシャルインクルージョン（社会的包摂）、次世代への教育であり、これらのキーワードこそが、日本でも地域共創のテーマとなってくるはずである。

③ ボルゴ・ディ・センプロニオ
地域文化の啓蒙運動で美しい風景を守る

【Semproniano / Toscana】センプロニアーノはフィレンツェから南西方向へ170kmほど行ったトスカーナ州南部の丘陵地帯の山の上に位置する。人口1,070人。カスティリオーネ・デッラ・ペスカーイアという有名な海水浴場までは85kmほど離れている。その中間地点にはグロッセートというスローフード活動で有名な小さな町があり、10kmほど離れたところに湧き出るサトゥルニア温泉を目的とした観光客が多い。

アルベルゴ・ディフーゾとしての開業

　トスカーナ州南部にあるセンプロニアーノという集落に、「ボルゴ・ディ・センプロニオ（Il Borgo Di Sempronio）」と呼ばれるアルベルゴ・ディフーゾがある。ここが珍しいのは、最初からアルベルゴ・ディフーゾの理念に従ってつくられていることである。現在12戸ある住宅は、数軒からスタートし、賃貸で少しずつ増やしては、それを買い取り拡大していった。

　アルベルゴ・ディフーゾの考案者であるジャンカルロ・ダッラーラ氏からその手法をすでに聞いて知っていた州外に住む女性実業家サウラ・パカッソーニ氏と、この村に生まれ育って村の国家治安警察隊であったフルヴィオ・ポンツォーリ氏の2人が共同で経営している。1人では膨大な資金を投資しなくてはならず、それぞれがいくつかの家の資金を出しあってアルベルゴ・ディフーゾとして2005年にスタートした。

　フルヴィオ氏が言うには、人口が減り続け、幽霊村のようになっていく自分の村を何とかしたかったが、どうしていいかわからず、もどかしい思いで過ごしていた時に、後に共同経営者になるサウラ氏に出会ったそうである。

　サウラ氏は、リミニ（*2）というイタリア北東部にある海辺の町の出身である。にこやかで穏やかな雰囲気のあるこの女性が、リミニでは数軒のチェーン店のスーパーマーケットのオーナーかつ、ホテルを所有・経営していると知って驚いた。つまり、彼女は会社経営という点でも、観光業においてもプロフェッショナルであった。サウラ氏はこの村には住んでいないので、地元住民であるフルヴィオ氏が実質的な経営者である。元々、カラビニエーリという治安警察官として村中に顔の知れわたっていたフルヴィオ氏がうまく住民と連携している。

　サウラ氏とフルヴィオ氏は、近郊のサトゥルニア温泉の露天風呂で

偶然隣同士になってお風呂に浸かりながら話しているうちに意気投合し、そこからアルベルゴ・ディフーゾが誕生したというエピドードも面白い。サウラ氏は、同じくリミニ出身のダッラーラ氏からアルベルゴ・ディフーゾの話を聞いて熟知しており、いつか経営してみたいと思っていたようで、投資目的で数軒の空き家を所有することにした。2人が村の空き家を購入しはじめた頃は、1㎡約400ユーロくらいで購入できたそうである。

村の魂、地域の文化を継続させる

　センプロニアーノ村の誕生は、エトルリア時代（紀元前8世紀～3世紀）にまで遡ることができるが、歴史資料に集落の名前が登場するのは11世紀になってからのことである。

　近くには、サトゥルニア温泉と呼ばれる硫黄泉の温泉が3000年前から湧き出ていて、高級スパを備えたホテルもある。海に行くには車で40分ほどかかるので、この地域の人たちにとっては海より温泉の方が身近な存在のようだ。

　ここの経営者2人が最も優先しているのは、地域の文化を継承していくことである。そのためには、直接自分たちの宿の利益にならないことも、積極的に無償で観光客に薦めてくる姿勢には驚いた。フルヴィオ氏は文化協会を設立して、特に地域の農産物の保護や継承に力を入れている。フィレンツェ大学やピサ大学の農学部と連携して、古代小麦種を再現させた小麦粉からつくるピッツァなどを、集落内の提携するレストランでメニューに取り入れたりしている。私もその素朴なピッツァを味わったが、普通の小麦粉とイースト菌を使ったピッツァとはまったく違い、噛みごたえがあり、香りもよく、何といっても天然酵母なのでお腹が膨張した感じがなく消化にもよさそうである。

上：センプロニアーノの街並み／下：2人のオーナーが出会ったサトゥルニア温泉にあるムリーナの滝

1. イタリア：アルベルゴ・ディフーゾ

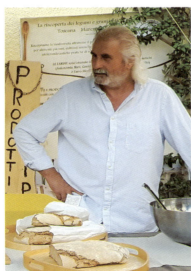

上：ボルゴ・ディ・センプロニオのゲストルーム／下左：オーナーのフルヴィオ・ポンツォーリ氏／下右：隣の家とつながっていた開口部を塞いでバスルームの洗面台を設置

その他にも、文化協会では、地元の特産品を食するピクニックを美しい丘陵地帯で行ったり、地域の生産物を近隣の大きな観光都市で販売したり、地元の食材を使った食事会などを開催している。特に美しい丘陵風景を見ながら行うピクニックは、樹齢千年にもなるオリーブ畑や農業の保護運動を広げることに貢献している。

歴史ある町や村の風景を守っていくためは、実はこうした小さな草の根活動を積み重ねていくしかない。健康によくないとわかっていても安価に手に入る製品を食べ続けるということは、目の前の美しい風景を失うことへとつながる。地元の中学生たちも、地域の農産物に関心を持ち研究テーマとしていることに驚いた。観光客に対して、ただ単に住民が微笑んでおもてなしをしているだけではなく、積極的に自分たちの土地の文化を継承しようとしている姿には非常に共感した。

空き家を改修して宿を営業することは当然ビジネスではあるが、観光客を誘致するのなら、まずは自らが行動して地域の文化をよく知り、保護していかねばならないという非常に明解な活動のコンセプトが伝わってきた。

エコベルモンテ
2人の兄弟が始めた漁村の再生

【Belmonte Calabro / Calabria】ベルモンテ・カラブロはイタリア南部カラブリア州に位置し、ナポリからは車で約4時間。人口2,007人。ティレニア海を望む海岸から4kmほど内陸に入った山の上に位置する。天気の良い日は、シチリア島北部にあるストロンボリ島が見える。カラブリア州は世界遺産が一つもなく、アクセスも悪いため外国人観光客には人気があまりないが、イタリア人には隠れたバカンス地となっている。

環境活動からのスタート

「エコベルモンテ（Eco Belmonte）」と呼ばれるアルベルゴ・ディフーゾは、ベルモンテ・カラブロ村で生まれ育ったジュゼッペ・スリアーノとジャンフランコ・スリアーノ兄弟の環境活動からスタートした。

もともとこの村の男たちは漁師であった。彼らがしだいに老いていき、後継者がいなくなると、村は次第に荒廃していった。この村も、他の中南部イタリアで見られるように、19世紀末から20世紀初頭にかけて多くの住民がアメリカやカナダに移民している。近年は、イギリスやドイツなどの北ヨーロッパへ出稼ぎに行く人も後を絶たない。

この村に残った住民は、荒廃していく村や周辺地域の状況に危機感を感じていた。後にアルベルゴ・ディフーゾをつくることになるスリアーノ兄弟が中心となって、村の中にある朽ちた建物や路地の清掃活動からスタートした。清掃の際に出てくる古い梁や家具などの再利用できるものはすべて修理して再生させた。弟のジャンフランコは水道配管工の職人をしており、手仕事には長けていたことから、路地にペンキを塗ったり、家具をつくったりしているうちに徐々に友人たちも参加しはじめて、協会までつくって活動するようになった。実際に、エコベルモンテに使われているどの家を見ても、内装は既存の古い構造をできるかぎり残して、現在日本でも流行っているDIYの雰囲気がある。

村が綺麗になっていくにつれて、兄弟は空き家を購入して、何か文化活動に使いたいと思うようになった。そして思いついたのが、宿泊施設の経営であった。アルベルゴ・ディフーゾについては、後から知って、慌てて協会に加入したそうである。

兄のジュゼッペは、現在は北部イタリアに住んでいるため、エコベルモンテの広報活動を行っており、実際は弟のジャンフランコとヴェ

上：エコベルモンテのレセプション、朝食ルーム、地元特産品のショップが並ぶ小広場／下：オーナーのジャンフランコ＆ガブリエラ夫妻

上：レセプション前のベンチに座って談笑する地元の女性たち／下：路地のあちこちに見られる地元の方言で書かれた教訓は空間を明るくする

ネズエラ人の妻のガブリエラが経営に直接携わっている。彼女はこの近くの村からヴェネズエラへ移民したイタリア人の子孫である。

　よりよい生活を求めて南アメリカに移住したイタリア人家族の子孫は、祖父母の生まれ育った土地に戻り、現在は地域再生のリーダー的な存在となっている。この村の再生に大きな回り道をしたように思えるが、南アメリカ風にまとめられたカラフルな外階段や内装がなければ、この殺風景な村を希望に導けなかっただろう。

旅人を迎え入れる村人たち

　アルベルゴ・ディフーゾを成功させる鍵は、実際に経営に携わるチームの接客以外にも、住民がどれだけ観光客を喜んで迎え入れているかどうかで決まる。アルベルゴ・ディフーゾを選ぶ観光客は、村や住民の生活の一部に入りたいと願っているからだ。

　私たちがカーナビが導く通りに村に着くと、そこはベルモンテ・カラブロの村に新しくつくられた地区の広場であった。バールの外にたむろしていた男性の1人が「アルベルゴ・ディフーゾなら道路を降りてぐるりと回った古い地区ですよ」と教えてくれ、その中にいた警官が車で私たちを誘導してくれた。

　レセプションの前にある小さな広場には、ジャンフランコ夫妻がつくったカラフルなタイルを張りつけたベンチがある。前年に訪問した際に遭遇した同じ老女3人組が、そのベンチに座って談笑していたのには驚いた。

　私の泊まった部屋は、この広場を見下ろす住宅の最上階にあり、長年の再生への努力の成果が高い所からよく観察できた。茶色の廃墟であった村は、客室内部だけでなく、公共空間もカラフルに演出されている。光が当たらない狭い階段や路地にも、ことわざや名言をカラブリア方言

でパネル風にカラフルに表現して展示してある。レセプションのある建物の屋上テラスにつくった眺めのよい食事席の向こうには、ベルモンテ（美しい山）が広がっている。さらに、その背後にはティレニア海が輝き、ストロンボリ島が海に浮かんでいるのが見えた。

美食という地域文化

エコベルモンテでの食事は、料理のバラエティの広さ、地産地消の徹底ぶり、そして食事の提供の仕方もよく工夫されていた。

漁師が多く住んでいた村なので、魚料理が中心である。ワインもオリーブオイルも当然カラブリア産のものしか使っていない。週に数回、かまどでパンを焼く様子を、私たちにも見学させてくれた。宿泊客の人数に応じて村の女性が数名手伝いにきている。ガブリエラさんによる地域の文化や歴史と関連づけた料理の解説が素晴らしく、改めてガストロノミー（美食）は文化だと感じた。

ジャンフランコ夫婦が、夜もエプロンをつけてお皿を運び、翌朝の朝食も準備してくれていた。夕食が終わって部屋に戻った後、しばらくベランダから外を見ていたら、キッチンの後片付けを終えた経営者夫婦や従業員が帰ったのは夜中0時近くであった。宿泊客が多い時は、人も雇っているそうであるが、経営者自らが直接宿泊客に対応するのは非常に重要である。

アルベルゴ・ディフーゾの取材に行くと、経営者自らが出てきて対応してくれるところが多い。自宅にお客が来たら、家の主が挨拶に顔を出すのは世界共通のホスピタリティである。主人自らが、旅人を部屋へ案内し、食事を振る舞ってもてなすことで、目の前にある風景は旅人の心の風景に変わるのだと感じた。

上：カラフルなホテルの内観／下：梁など部材はすべて廃材を利用

1. イタリア：アルベルゴ・ディフーゾ

上：ホテル内にあるかまどで週に数回はパンを焼く／下左：ホテルで提供される地産地消のメニュー／下右：『忘れ去られた痕跡』というタイトルで、カラブリア州の歴史的遺構を書籍にまとめたシルバーナ・フランコ女史

⑤ スローな復興を目指して

　アルベルゴ・ディフーゾは、宿泊業法で定める二つのカテゴリーの中の「ホテルおよびホテルに類似する宿泊施設」の一つとして分類されている（*3）。アルベルゴ・ディフーゾの宿泊施設として申請するにあたっての最低限の条件は存在するが、事業方法はさまざまである。むしろ、独自の事業方法を開拓していなければ、地域の特性を出すことができない。

　アルベルゴ・ディフーゾの経営は簡単ではない。空き家を購入して工事をするには莫大な工事費がかかる。さらに、イタリアの住宅に慣れていない外国人観光客にとっては、停電、オートロックの玄関ドアによるトラブル、ハウスダストによる突発的アレルギーの発生、ドアの固い鍵を開けられないというハプニングが起こる。部屋が分散しているが故に発生する問題もある。トラブル発生時は経営者の携帯電話に電話をせざるをえないが、解決するのに時間がかかる。正直に言うと、通常のホテルより不便である。

　それ故に、アルベルゴ・ディフーゾの経営は、何もないといわれている町や村をどううまく再編成できるかにかかっている。観光客が連泊したいと思うような魅力的な体験を観光客にコーディネートするには、経営者がその土地の歴史・自然・食文化などの特徴をよく理解していなければならない。郷土愛がないと、お客にも魅力は伝わらない。

　カラブリア州の小さな町で、誰も訪ねることのない先史時代の洞窟、忘れ去られた教会や城壁跡などを家族で毎週末訪ね歩き、1冊の本にまとめた女性に出会った。シルバーナ・フランコ女史である。両親はカラブリア州からカナダに移民し、彼女自身はトロントで生まれ育った。

フランコ女史にとって、カラブリア州は魅力に満ちていた。彼女だけでなく、トレッキングのアソシエーション、考古学研究会、水彩画同好会など、地道に地域活動をしている人たちの存在は、アルベルゴ・ディフーゾに泊まって地域体験をしてもらうには非常に貴重である。

　観光客を迎えたことのない町や村が、お客さんをもてなせるようになるには長い年月がかかる。観光客が少し増えると、雇用も増える。地域文化活動をする人も現れる。すると、出ていくことしか考えていなかった住民たちも自分の住む町や村に関心を持ち始め、何かやってみようとする人たちが出てくるのである。

　アルベルゴ・ディフーゾの宿は床が少し冷たいし、水やお湯の出が悪かったりもするが、歴史的な住宅の壁は重厚で、窓からは何世紀もかけてつくられたオリーブ畑やぶどう畑が見える。目の前に見える景色は、そこに住んできた人たちの生活史である。住民の生活史の中に旅人が入り込めるようなアルベルゴ・ディフーゾの地域共創型の試みが、イタリア各地で少しずつ広がってきている。

*1　中橋恵「廃村危機の救世主 アルベルゴ・ディフーゾ」『世界の地方創生』学芸出版社、2017年
*2　リミニは、映画監督フェデリコ・フェリーニの生まれ育ったアドリア海に面する町で、イタリア人の海のリゾート地である。浅瀬の海岸が続く15kmもの道路沿いには、ホテルやレストランがぎっしりと並んでいる。海岸が浅瀬のため、小さな子どもをもつ家族連れや老人のバカンス地として有名である。
*3　中橋恵「イタリアの空き家・空き建造物を利用した地域共創」『建築と社会』日本建築協会、Vol.98、2017年

2

イタリア：
アグリツーリズム

−田舎のホスピタリティを価値に変える旅

菊地マリエ

きくち・まりえ｜フリーランス。1984年生まれ。国際基督教大学教養学部卒業。日本政策投資銀行勤務。在勤中に東洋大学経済学部公民連携専攻修士課程修了。日本で最も美しい村連合特派員として日本一周後、2014年より公共R不動産の立ち上げ、その他フリーランスで多くの公民連携プロジェクトに携わる。

① なぜ、イタリアでは アグリツーリズムが盛んなのか

イタリアと日本の類似点

　日本では近年、「I・Uターン」「移住」といった単語を聞かない日はないといってもいいほど、地方再生が加熱している。しかし、個別の成功事例を耳にすることはあっても、数値で示せるような明確な成果は生まれておらず、地方から首都圏への人口流入は続いている。全人口のうち三大都市圏に居住する人の割合は増加し続けており、多くの地方圏で人口の社会減に歯止めがかかっていない。20〜30代を中心に多くの人が田舎暮らしに興味を持っているという調査結果はあれど、それが何らかの社会的なインパクトを与えるほどの人口移動には結びついていないのが現状だ。

　そもそも現在、日本各地で目指されている「地方が再生している状態」とはどういうことなのだろう。そう思って海外に目を向けた。いくつか再生事例を巡ってみたなかで最も参考になったのが、イタリアのアグリツーリズム（イタリア語ではAgriturismo）だった。

　欧米諸国と日本では、都市の成り立ちや歴史・文化が異なるので、そのまま参考にできるわけではないが、地方再生の文脈では、以下の2点において、イタリアと日本は類似しており、ヒントが得られると考えた。一つめは地理的・文化的な多様性である。イタリアは南北に細長く、それを二分するように脊梁山脈が走り、海岸線が長い。つまり、日本同様、地理的な分断から地域ごとに固有の郷土食や文化が育まれ、多様性が保たれやすい。二つめに、イタリアの農村は一度過疎と荒廃を経験しているということだ。イタリアでは第二次世界大戦での敗戦

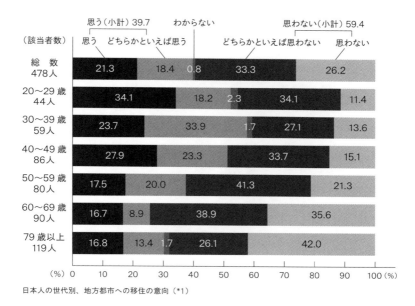

日本人の世代別、地方都市への移住の意向（*1）

後、1960年代の急速な工業化のなかで都市への人口流入が続き、農村が衰退していった。この軌跡も日本と重なる。

　その後、日本では都市化が進行し続けたが、イタリアでは1970年代から農村回帰が始まり、全人口における都市圏以外の居住者人口の割合が増加し始め、地方の再生に進展していった。この人口動態の変化の要因の一つがアグリツーリズムだといわれている。その復活劇から日本が学べることは多いはずだ。

アグリツーリズムとは

　アグリツーリズムとは、文字通り、アグリカルチャー（＝農業）のアグリとツーリズム（＝観光）の合成語で、直訳すると農村観光という意

味だ。アメリカ、カナダ、フランス、ドイツ、オーストリアなど欧米を中心に世界で取り組まれているが、実のところ、国際的に共通した定義はなく、その名称や運用は少しずつ異なる。大枠として、一般的な観光地を巡るのではなく、のどかな農村風景のなかで、その地域の食や文化を楽しみながらゆったりと暮らすように過ごすオルタナティブな休暇のことを指している。

このような観光スタイルが生まれた欧米諸国に共通する背景として、1960～70年代の工業化・商業化があった。繁栄する都市部と人口減少にあえぐ農村部の経済格差の解消の一手段としてツーリズムが位置づけられたのだ。最も早く農村のリブランディングに取り組んだのが、産業革命が起こったイギリスの湖水地方だったことが象徴的である。

ちなみに日本では、1992年に農林水産省によってグリーンツーリズムが、1993年には環境庁によってエコツーリズムが提唱された。欧米とのタイムラグはあれど、バブル崩壊直後のいきすぎた経済や価値観の揺り戻しのなかで生じた農村の見直しという社会的文脈は類似している。

イタリアのアグリツーリズムの特徴

欧米各国でアグリツーリズムやグリーンツーリズムが広がるなか、イタリアのアグリツーリズムが注目される理由は何なのか。さまざまあるだろうが、質の高い食と法整備の二つの要因があると言われている。

食についてはもちろん、イタリア料理が美味しいということもあるが、アグリツーリズムとほぼ同時期にイタリアで起こったスローフード運動と密接な関係がある。

イタリアのスローフード運動は、ローマに進出しようとしたマクドナルドに対する抗議運動から始まった社会的なムーブメントで、「ス

2. イタリア：アグリツーリズム

ロー」はハンバーガーに代表される「ファスト」フードの対義的概念として用いられた。産地から切り離されて均質化し、あたかも工業製品のように生産・消費される食物ではなく、その土地に根づいて育った食材をローカルな調理法で丁寧に扱うことを通じ、郷土や食文化を守りながらよりよく生きることを目指しているのがスローフード運動だ。日本でいう地産地消の概念に、文化的（伝統的な農産品や調理法の保存）・精神的な要素が加わったようなイメージだろうか。

1970年代、その理念に共鳴して、まず農村に戻り始めたのは、都市で働く地方出身の女性、特にシングルマザーたちだった。失業率も高く、ぎすぎすした都会の生活に疲れて帰省すると、支えあえる人間関係のコミュニティが残っており、子育ての負担も軽減した。実家の納屋を改装して小さなレストランで手作りの料理を振る舞い、宿を営む。

ロンバルディア州カステッジョにあるアグリツーリズムの宿プリマ・オルトゥーラの周囲は一面ぶどう畑

	ドイツ	フランス	イタリア
農家民宿・農村民宿の箇所数	約16,000カ所 （2008年 農家民宿数をBAG加盟者数から推計）	約60,000カ所 （2015年 ジット・ド・フランス加盟者数）	約18,121カ所 （2014年 農家民宿のみ）
年間宿泊数	約2,440万泊 （2011年 ドイツ内の14歳以上のドイツ語話者のみ）	約2,870万泊 （2014年 ジット・ド・フランス加盟民宿のみ）	約1,080万泊 （2014年 農家民宿のみ）
直接消費額	約1,400億円 （2011年 ドイツ内の14歳以上のドイツ語話者のみによる農家・農村での休暇全体の消費額）	約840億円 （2014年 ジット・ド・フランス加盟民宿のみ）	約1,001億円 （2002年 アグリツーリスト加盟民宿のみ）
外国人比率	不明 （農家・農村民宿の予約・検索サイトでは外国語未対応のため、小さいと推測される）	13% （2014年 ジット・ド・フランス加盟民宿）	44% （2014年農家民宿）

ドイツ、フランス、イタリアの農家民宿、農村民宿の比較（*2）

田舎はそんなスローで人間的な生活への憧れを掻きたてた。

　もう一つ、イタリアのアグリツーリズムが欧米各国と異なる点に、早期に法的な整備がなされたということが挙げられる。イタリアでは、1985年に世界で初めてのアグリツーリズム法が施行された。他国が民間ベースでアグリツーリズムを推進しているなか、イタリアではいち早く、それを法的に定義し、国の政策としてバックアップする姿勢を明確にした。といっても、助成や補助金が用意されたのではなく、規制・基準を統一化、ルール化するというかたちでの支援である。

　農家民泊の先進地であるフランス、オーストリアなどに比べ遅れをとって取り組みがスタートしたイタリアだったが、現在では国外からの旅行客割合の伸びが著しく、ヨーロッパのアグリツーリズムを牽引する存在となっている。

アグリツーリズムの発展と経済効果

　イタリアで積極的にアグリツーリズムが推進されてきたのには、当国がEU有数の農業国であり、農家の保護が政策的に重視されているという背景がある。イタリアの農業がGDPに占める割合は3％（日本は1％以下）とそれほど大きくないように見えるが、その加工品まで含めると15％にまでのぼる。また、自給率は8割程度で、農業は重要な産業といえる（*3）。

　とはいえ、90年代まではイタリアでも、アグリツーリズムといえば農業体験をともなう安価な長期滞在といったイメージで、現在の日本の民泊をめぐる状況と大差ないものだったようだ。あくまで農家の副収入としての位置づけで、宿泊業からの収入が本業である農業収入を超えてはいけないという規制があった。

　そのような状況が一変したのは、食事で差別化を図る宿が登場し始めてからだという。食事の質が向上するとともに、1泊の宿泊単価が上昇。参入する農家数も増加し、実情に合わせて2006年に法律が改正され、受入れ客数10名以下の小規模な宿については州への登録からコムーネ（日本でいう基礎自治体）単位への登録制へと規制が緩和され、宿泊施設として運営できる設備要件も撤廃された。一方、提供する食材に関して、一定割合が地元でとれた食材でなければならないという規定が強化されたことは、彼らの価値観をよく反映している（*4）。実際訪問した宿では、ほとんどが自家製のオーガニック食材を自慢げに提供してくれた。

　現在、イタリアにおいてアグリツーリズムの宿は約2万軒（日本の農林漁家民宿は約3,000軒（*5））あり、これは国内の総宿泊施設数の5％にすぎないが、年間約110億円の経済規模にまで成長している（*6）。この規模以上に注目すべきは、そのほとんどが家族経営で、50％以

上は女性が切り盛りしているという事実である。これまで力仕事が多かった農家にホスピタリティという女性の得意分野を活かした副業ができるようになった社会的効果は、経済的にも精神的にも非常に大きいという。

地方の価値に目覚めた人々

　ヒアリングのため、いくつかのアグリツーリズム農園を訪れた。そのなかで最も印象的だったのが、イタリア人の「右手に算盤、左手に志」という絶妙なバランス感覚だった。インタビューさせてもらったすべてのオーナーが、おしなべて地域経済循環について熱っぽく語る。表面的なリップサービスではなく、ビジョンが徹底しており、それをいかにビジネス化するかという視点が貫かれていた。有言実行で、地道な農園経営や販路開拓、プロモーションも抜かりがない。誰も助成金や補助金など政府の支援をあてにしていないのもポイントだ。聞けば、「政府は信用できないから」「イタリアは貧乏な国だから」と異口同音の返答がある。それが、自立したビジネスモデルで顧客ニーズに合わせたサービスを展開し続けるたくましさの源泉なのかもしれない。

　また、コレクティブアクションを非常に重視している点も共通していた。何の知名度もない農村をツーリズムのデスティネーション（目的地）に選んでもらうには、まず顧客にその村を認識してもらわねばならない。それは一つの宿だけでは成し遂げられないから、その地域の生産者や飲食業者とネットワークをつくり、一丸となって協力体制を組む必要がある。これを通じて地域に強いコミュニティができ、さらに彼らは地域への誇りや愛着を持つようになる。経済的な側面とあわせて、そのようなシビックプライド醸成の側面もアグリツーリズムの重要なテーマとして捉えられている。

2. イタリア：アグリツーリズム

アグリツーリズムの父、ファウスト・ファッジョーリ氏の娘のフレデリカさん（右）も、イスラエルからイタリア・クゼルコリにUターンしてきた

　日本に置き換えて考えると、この地域内コンセンサスを得るプロセスが困難を極めることは容易に想像がつく。そう質問すると、「全員が少しずつ得をするのに、どうしてやらないのか」と、拍子抜けするほど合理的な返答であった。理念に賛同する人同士が徐々に集まって活動を始めるので、全員を巻き込む意識も希薄なようだ。少しずつ成果を残し、仲間を増やしていく。

　3点目に、「Quality of Life（生活の質）」という言葉が当然のごとく事業や暮らしの判断基準の中心となっていたことに驚いた。インタビューした人々の多くが私の質問に対し、「だってその方がQOLが高いでしょ」と答える。経済性以前に生活の質を重視するという優先順位が明確なのだ。後述するエミリア・ロマーニャ州のアグリツーリズム宿の経営者ファウスト氏の娘であるフレデリカさんは国際NGOに

55

勤務していたが、アメリカ人の旦那さんと子どもと共に2016年にU
ターンしてきた。彼女いわく、イタリアでは価値観の変化が非常に早
く起きているという。10年前に移住を話題にすると、周囲の反応は「な
んでアメリカからこんな片田舎に帰ってくるの!?」というものだった
が、現在ではむしろアメリカに未来があると思っている人は減ってお
り、理解を示してくれる人が増えたそうだ。

　フレデリカさん自身も若い頃は都会に出たくて仕方がなかった。し
かしその後、このような農場での素晴らしい暮らしの価値に気づくよ
うになった。田舎では社交の場がないことを理由に都会に出たがる若
者が多いが、アグリツーリズムの宿を経営していると、世界中から訪
れる視察者やゲストたちと出会え、むしろ都会より刺激が多いくらい
だと語る。

　個別事例の紹介に入る前に、ファウスト氏に聞いた、現在の課題と
解決の方向性について触れておきたい。アグリツーリズムは法的に定
義されてはいるが、広く解釈できる緩やかな定義であるため、5スター
ホテルが田舎に進出してアグリツーリズムを名乗っているような例が
増加してきたそうだ。もちろん、多様性を持った市場が成立するには
それも必要だろうが、ファウスト氏は、それは本来のアグリツーリズ
ムではないと考えている。そのため、現在「ルーラルホスピタリティ」
という新たな基準を設けようと動いている。たとえば、本業が農家で
あること、ゲストルーム数は九つまでであること、そして手料理を出
すことなどの要件を加える予定だそうだ。イタリアではアグリツーリ
ズムの市場が一定の成功をおさめ確立してきたなか、その本来の温か
さや素朴さを失わず、サービスを陳腐化させないしくみが次なるフェー
ズへの挑戦となっているようだ。

② ファットーリ・ファッジョーリ
アグリツーリズムの父に会いに

【Cussercoli / Emilia Romagna】クゼルコリはアペニス山脈の北東の麓、ベネデ川渓谷に位置するエミリア・ロマーニャ州フォルリ・チェゼーナ県チヴィテッラ・ディ・ロマーニャコムーネの12の集落の一つ。人口4,500人。残存する記録としては12世紀に初めて歴史に登場する古い町で、旧市街地の中心部は石灰岩の巨大な岩の上に立つ中世のクゼルコリ城周辺。基本的には岩場の傾斜地で工業・農業ともに不向きな土地であるが、歴史的にはビーズや王冠などの装飾品が世界に輸出される名産品であった。

州のパイロットプロジェクトとして開業

　性能の悪いレンタカーのナビに悩まされて散々迷いながら、クゼルコリに到着したのは夕方だった。一度は公共交通機関で全部回れるのではないかと錯覚したイタリアの旅だったが、やはり、アグリツーリズムをやっているような場所は非常にアクセスが悪い。車を選んで正解だった。

　ここ「ファットーリ・ファッジョーリ（Fattorie Faggioli）」（ファッジョーリ工房という意。以下、FF）を訪れた目的は、創業者のファウスト・ファッジョーリ（Fausto Faggioli）氏に話を伺うためだ。ファウスト氏はイタリアのアグリツーリズムの基盤をつくったメンバーの1人といわれ、1989年に宿を始めている。その頃はまだイタリアにアグリツーリズムの概念はなく、類似した取り組みをオーストリアから学んで起業したそうだ。

　ファウスト氏は、19歳でドイツ系多国籍金融機関に就職し、営業部長を11年間務めた。グローバル経済の歯車としてやりがいのある仕事ではあったが、立ち止まってどのように生きていきたいかを考えた時、先が見えなかった。地元のコミュニティの存続に貢献する方が自分に

上：道なき道をはるばる登って到着したファットーリ・ファッジョーリ／下：アグリツーリズムの父といわれるファウスト・ファッジョーリ氏

上：記録に残っている資料がないほど古い農場だったところを改装して宿泊施設へ／下：ヤギへの餌やりなど動物と触れあえる

とって意味があると考え、会社を辞め33歳でエミリア・ロマーニャ州
クゼルコリに家を買った。

　地域の経済循環を生みだしコミュニティを強化するような宿泊施設
をつくる構想を掲げ、まずは町の人にそのプランをプレゼンして回っ
た。しかし、当初は無鉄砲でクレイジーな奴だと相手にされず、ほと
んど賛同を得られなかった。それでもめげず、同時に町にどのような
資源があるのかを聞き回ってリサーチし、どの資源と資源をどう組み
合わせれば価値が上がるかをひたすら考えた。最初は宿泊施設の改修
資金もなくパニーニ屋として開業し、町の人と知り合い、小銭を稼ぎ
ながら準備をしたそうだ。

　1985年にアグリツーリズム法が施行され、1987年にはエミリア・ロ
マーニャ州でも採択された。同州からそのパイロットプロジェクトと
して彼に声が掛かり、その後、法律の改定にも協力することにつながっ
ていった。

田舎の価値を理解してもらうための地道な戦略

　最近は、世の中の価値基準がお金から幸福度へとシフトしてきてい
るが、ファウスト氏がFFを始めた頃は、なかなか田舎の価値を理解
してもらえなかった。そのなかでどのように変化を起こしたのか。ファ
ウスト氏が教えてくれた秘訣は実に現実的な方法だった。

　「たとえば50人の都会人がやってきて、ここで深呼吸すれば空気が
おいしいということは誰にでもすぐわかる。そして、それを聞いた地
元の人も、自分たちの地域の価値を理解するようになる。やがて、こ
うした体験をした人たちが友人に感動を伝える。50人が3人に知らせ
れば150人に広がり、またその評判がどんどん拡散されるのだ」と。
要するに口コミだ。広告は打ったことがないという。

また、創業当初は教育的なツアーに力を入れていた。ミラノやローマなど都会の小中学生を受け入れ、麦から挽いてパンを焼くなど、現在は体験できなくなってしまった昔の暮らしを再現する農村体験を重視した。現在FFでは顧客ニーズに合わせて農業体験をはじめ、地域のワイン、チーズ、サラミの生産者や製塩工場の視察と交通手段を提供するカスタマイズツアーのコーディネート業務を中心に行っているが、通常業務の傍ら、地域の学校と連携して地域文化を子どもたちに伝える事業は継続しており、そこにFFの価値の拠り所があるとファウスト氏は語る。

FFはプロモーションにも力を入れている。一定の固定客がついている今でも、都市部で開催される催し物に積極的に出向き、自分たちの事業を紹介する。その際、パンフレットを手渡し握手するのが大切だそうだ。握手した人は親近感を持ち、町を訪問してくれる確率が高まる。誰も知らない田舎に来るハードルは高いが、誰かを知っているだけでぐんと来やすくなる。新たな文化や価値観とはこうしてつくっていくのだと、ファウスト氏は地道な努力を語ってくれた。

日本でよく見られる、行政に支えられている農家民宿との意識の差を歴然と感じるのは、イタリア人のこのような地に足のついたビジネスマインドと経験の蓄積を聞く時だ。これが、顧客へのサービスの質を上げ、イタリア中にアグリツーリズムを広げた原動力だろう。

地価が上昇し、空き家探しも困難に

こうして田舎の価値が徐々に理解されるようになると、訪問者だけでなく移住者も増加した。医者や弁護士などインテリ層が先がけて田舎に移住し始めている。もともと15,000人（1950〜60年）だったクゼルコリの人口は、10〜15年のうちに一時3,000人にまで減少したが、

上：馬小屋をリノベーションした宿泊棟／下：宿泊だけでなくレストランも運営。地域の会合でも使われる

ここ40年ほどで4,500人にまでゆっくりと回復してきた。最近では空き家を探すことも難しいほどで、地価も上昇している。

現在のFFの建物は、クゼルコリで最初に買った農場を売却し、2003年に購入したものだ。カフェテリアも宿泊棟も空き家となっていた納屋を改修したものだが、不動産価値の上昇分により農場を売ったお金で改修資金が賄えたという。

FFには世界中からアグリツーリズムの開業希望者が研修に訪れるが、決まって彼らに伝えているのは、決して宿は単体では成功しえないということだ。無名の地域を目的地として認識してもらうには、とにかく地域にいる多様なプレイヤーをつなげ協力することが重要だ。具体的には、定期的に集まり顔をあわせて話し合いをするといった基本的なことから、飲食店で地元の生産者から仕入れること、生産者がまとまってツアーを受け入れ試食して回れるようにすることで顧客の購入行動に結びつけリピーターを増やすことなどだ。また、製造業や加工業においても生産の各段階に地元産の原材料を使うようにバリューチェーンを組むことで、地域のローカルビジネスに寄与するように設計している。ある商品の開発により排出される廃棄物が他の生産者の材料にならないかなどの検討も行う。

宿泊施設を起点に地域の生産者をつなげ、観光の生態系をつくるファウスト氏の手法は、一つ一つが地味で当たり前に思えるが、それらが見事に積み重なって地域の再生につながっている。しかし、成功の決め手となったのは、決してグローバルなビジネスマンとしての手腕ではなく、彼の地域に対する愛情だ。彼にとってアグリツーリズムはあくまで手段でしかない。事業を通じ、住民が自らの文化的なアイデンティティや誇りを取り戻し、その土地で幸せに暮らせる人をいかに増やすかを日々追求している。真の持続可能性とはそういうものなのだろう。

③ プリマ・オルトゥーラ
ミラノ的ビジネスセンスを田舎で活かす

【Casteggio / Lombardia】カステッジョはロンバルディア州の州都ミラノの約60km南に位置するコムーネ。人口6,413人。ポー川流域に広がるパビア平野の西端部でアペニン山脈に連なる小規模な山地の麓に位置する。ワインが有名なロンバルディア地方の中でも最も生産量が多いオルトレポ・パヴェーゼ地方（イタリアのワイン格付けで最も厳格なD.O.C.P統制保証付原産地呼称ワインを取得している）に属する。1971年をピーク（7,813人）に人口は減少傾向にあり、ロンバルディア地方で最も高齢化（28.5%）が進んでいる。

イタリア最古のぶどう栽培地で開業

　例によって、ぶどう畑の中の道なき道を不安とともに車で進む。「プリマ・オルトゥーラ（Prima Altura）」は丘のてっぺんにあった。ここは前述のファウスト氏に紹介してもらったのだが、到着して早々、希望する価格帯を伝えておかなかったことを後悔した。駐車場の整備状況や植栽、建物から高級感が漂っている。いわゆる農家民宿とはかけ離れた雰囲気だ。建物は二つあり、一つはレセプション、レストランと地下がワイナリーになっている。もう一つは宿泊棟で、2階建ての6室、1階部分にはエステ、目の前にはぶどう畑を見渡せるプールがあった。

　到着後、早速夕食を出してもらった。ダイニングホールは天井が高く、丘に突き出したような形で、三面をぶどう畑に囲まれた開放的な絶景の中で食事を楽しめる。料理は盛り付けも味も洗練されていた。こんな田舎町によくも…と不思議な気持ちになる。

　到着した時刻も遅く、私の他に1組しかお客さんはいなかったが、社長のロベルト・ルチアンコール（Roberto Lechiancole）氏がわざわざワインを持ってテーブルまで来てくれた。オーナー自らがゲストを歓迎し声をかけることを大切なホスピタリティだと考えているのが伝

わってくる。旅の目的を伝えると、彼の方から空いている時間にもっと話をしようと申し出てくれた。相当やり手なのだろうと身構えていたが、とても人懐っこい人だ。

翌朝、地元産にこだわったチーズやヨーグルトの素敵な朝食をいただいた後、ロベルト氏に話を聞いた。出身地のミラノで宇宙航空機器の会社を起業。現在は引退し、息子さんが会社を継いでいる。現在の事業のことを考え始めたのは数年前。リタイア後、毎週末家で奥さんと喧嘩しているよりも、もっとやるべきことがあると思い立って始めたそうだ。イタリアではアグリツーリズムに、こういうバリバリのビジネスパーソンがプレイヤーとして参入しているのだ。彼が何を魅力と感じ、どのような経営方針を持っているのか、俄然興味が湧いてきた。

まず、プリマ・オルトゥーラの立地の選定だ。ここは4000年前から続くイタリアでも最古のぶどう栽培地の一つとして知られ、非常に良質のぶどうがとれることから開業を決めた。ぶどう畑のてっぺんを切り開いてワイナリーと宿泊棟を新築した。

ターゲットはミラノからの集客だ。車で1時間半のミラノでは定期的にイベントを開催し、ウェブでも積極的に情報発信している。元々ビジネスで付き合いのあった社長たちが隠れ家レストランとして使ってくれたり、自然に癒しを求めるミラノっ子が通ってくれるそうだ。ウエディング需要もすぐに増え、2016年は16組。今後も増加の見込みだ。

120の生産者とアソシエーションをつくる

カステッジョでは現在、近隣の生産者120社を巻き込んだアソシエーションをつくり、六つのワインロードを形成している。ロベルト氏の話で非常に興味深かったのは、「観光客にこのエリアを認識してもらうためには、地元のどのレストランでも同じ郷土料理を提供し、顧客が

上：周囲をぶどう畑に囲まれたプリマ・オルトゥーラ。三面ガラス張りのレストラン棟／下：ミラノでの会社経営を引退後、カステッジョでアグリツーリズムの宿泊業を始めたロベルト・ルチアンコール氏

2. イタリア：アグリツーリズム

上：朝食に並ぶヨーグルト、ジャム、蜂蜜などほとんどがオーガニックで地場産のもの／下：レストラン棟の地階がワイナリーになっている

食べ比べて、自分のお気に入りのレストランを持てるようにすること
が重要だ。地元の人々にとっても、地元の食材で郷土料理をつくるこ
とで、地域に対するアイデンティティを持つことができる」と語って
いた点だ。ビジネスとして商品やサービスを開発する場合、差別化を
図るのが一般的だが、それとは真逆の発想だ。日本のＢ級グルメで地
域活性化を目指す手法と似ている。

　ロベルト氏の提唱する、地域のアソシエーションの役割は以下の三つだ。

1. 人を集めてつながりをつくる

2. 品質を一定に保つようチェックする

3. ミラノでマーケティングを行う

また、せっかくこの地を訪問してくれる顧客がいても、宿泊場所がな
ければ、地域にお金が落ちないため、アルベルゴ・ディフーゾ（1章参照）
も企画中だそうだ。町にチェックインするためのレセプションを一つに
集約する予定で、そこで顧客の希望にあった宿やツアーを案内し、この
地域のサラミやワインのサンプルを提供する。気に入ったものを見つけ
たら実際に生産者を訪問するという情報のハブを目指している。

　このような田舎で宿泊業を起業することで、地元に若者の雇用を生
みだす効果にも期待している。現在プリマ・オルトゥーラでは8名を
雇用しており、ロベルト氏の娘さん3人もここで働いている。お陰で
近くに住むことができ非常に幸せだと語る。そのほかにも、若者が空
き家を活用して宿を簡単に開業できるパッケージも準備し始めている。

　しかし、課題もある。このように多数の業者を巻き込んだエリアビ
ジネスを展開する際ボトルネックとなるのは、合意形成段階の資金だ。
ロベルト氏は繰り返し、関わる事業者や個人がエリアビジネスに参画
することで少しずつでもメリットを感じられるように設計することの
重要性を強調していた。しかし、その初期段階で説得をして回るため
にはどうしても人件費を中心とした先行投資が必要だ。その部分だけ

は財源が確保できないため、EUの地域振興コーディネートのための助成金を申請中だという。

素朴さから質を求めるアグリツーリズムへ

プリマ・オルトゥーラで生産するワインの出荷量は年間4万本。10ヘクタールの農地で5タイプのぶどうを育てている。ぶどうはある決まった月の出る晩に夜露に濡れたものを手摘みする。ワインメーカーはシチリアからヘッドハンティングしてきた腕のいい若者だ。小規模生産のため、年によって味にブレが出るが、むしろそれを売りにしている。ワインの樽は3年しか使わず、使用後はテラスのテーブルとして再生している。ロベルト氏はワインセラーを案内中、とにかくマメにこうした小さなこだわりを話し続ける。人々はサービスやプロダクトとともにストーリーを消費しにくる。ロベルト氏は、そのストーリーをいかにつくるかを常に意識しているのだ。

「イタリアのアグリツーリズムは、質的な変化のフェーズにある。人口増加の時代はとにかく何をつくっても売れたが、これからのイタリアは違う。田舎の食品は純粋・素朴であればよいとされた時代は過ぎ、人々はより高い質を求めるようになってきた」とロベルト氏。まるで日本の話を聞いているようだが、イタリアでは着実にそのニーズに対応し、地方でも急速に食や空間、サービスの質の変革が起こっている。ロベルト氏のようなバックグラウンドの経営者がマーケットに参入し地域資源を再編集し始めていること自体が、何よりそれを象徴している。

*1 SUUMOジャーナル　http://suumo.jp/journal/2014/11/05/72494/
*2 農林水産省　http://www.maff.go.jp/j/nousin/kouryu/pdf/kaigai_3.pdf
*3 松永安光・徳田光弘『地域づくりの新潮流』彰国社、2007年
*4 イタリアのアグリツーリズム法　http://www.ndl.go.jp/jp/diet/publication/legis/237/023704.pdf
*5 農林水産省　http://www.maff.go.jp/j/nousin/kouryu/kyose_tairyu/k_gt/pdf/siryou2_101.pdf
*6 宗田好史『なぜイタリアの村は美しく元気なのか』学芸出版社、2012年

3

ドイツ／ライプツィヒ：
ハウスプロジェクト

－空き家を地域に開いて共有する

大谷 悠

おおたに・ゆう｜NPOライプツィヒ「日本の家」共同代表。ドイツ・ライプツィヒ在住。
東京大学新領域創成科学研究科博士課程所属。1984年生まれ。2010年千葉大学工
学研究科建築・都市科学専攻修士課程修了。同年渡独。2011年ライプツィヒの空き
家にて仲間とともに「日本の家」を立ち上げる。ポスト成長の時代に人々が都市で楽
しく豊かに暮らす方法を、ドイツと日本で研究・実践している。

① 住みながら直す
ハウスプロジェクトの日常

　近所にあるハウスプロジェクト「ヴルツェ・ツヴァイ」を見学させ
てもらうため、昼下がりに家を出た。玄関先でベビーカーを押しなが
ら足早に歩くスカーフを被ったムスリムの女性たちとすれ違う。ベト
ナム人の売店の前では仕事あがりの労働者たちがビール片手に強烈な
ザクセン訛りで談笑し、薄暗い店の中ではアラブ人たちが賭けトラン
プに興じている。ケバブ屋ではトルコ人の名物店員がテキパキ客を捌
き、脇ではパーティで徹夜した美大生たちが気だるそうにベジタリア
ン・ケバブを頬張っている。これが筆者の住むライプツィヒ東インナー
シティの日常風景だ。

　ヴルツェ・ツヴァイはそのなかでも特に衰退の激しいヴルツナー通
りにある。築100年前後の重厚なレンガ造5階建ての集合住宅が軒を連
ねているが、ところどころ歯が抜けたように取り壊され、味気ない空
き地になっている。残された建物の多くは改修されておらず、空き家
が目立つ。渡されたメモに書かれた住所に到着したが、呼び鈴が明ら
かに壊れている。携帯に電話してみると、「今降りるよ！」との返事。
しばらくしてボロボロの木製の扉が開いた。

　中に入ると、20代から30代の若者たち10人ほどがホコリにまみれ
ながら建物の改修作業をしていた。床板の取り替え、壁をぶち抜いた
模様替え、配電、水まわりの整備、ストーブやトイレの取り付けなど
など、プロ顔負けの作業内容だが、プロは1人もいない。作業をして
いるのは学生やアーティストで、皆この建物の将来の住人たちだ。

　「工事を外注することもできるけど、お金がかかるし、思った通りに
ならないことが多い。時間はかかるけど自分たちでやった方がいいん

だ。楽しいよ！」。メンバーの1人は汗まみれの額を拭いながらそう話す。
改修途中の1室には空気ベッドが雑然と置かれていた。住み込んでい
るメンバーの寝室だという。こんな状態で4年ほど改修が続いているが、
まだまだ住居というよりは工事現場だ。完成まであと2、3年はかかる
という。なぜこんな根気のいる作業を続けているのかと聞くと、「そりゃ
理想の暮らしを実現したいからさ」と答えが返ってきた。

　ヴルツェ・ツヴァイのメンバー20人はほとんどが20代の学生で、
2012年に有限会社を立ち上げ、延床面積約800㎡の集合住宅を1棟購
入した。コーポラティブハウス（住民が組合を結成し、その組合が事
業主体となって建物の買い取り、改修、管理運営を行う集合住宅）の
一種だが、「物件を一切営利目的に用いないこと」を重要な原則として
いる。このようなしくみを持つコーポラティブハウスのことをドイツ
では「ハウスプロジェクト」と呼ぶ。ライプツィヒには50軒ほどあり、
ここ10年で増え続けている。行政も都市政策の一部として物件取得や
しくみづくりの支援を始めている。なぜ今、ライプツィヒでハウスプ
ロジェクトが注目されているのか。「空き家」をめぐる歴史を振り返る
ことからその背景を紐解いてみよう。

② ライプツィヒの衰退と空き家

【Leipzig】ドイツ中部ザクセン州の商工業都市。人口56万人。1870年の普仏
戦争後に出版・紡績などの産業集積が起こり、人口が増加。第二次大戦後、東
ドイツに組み込まれると徐々に人口が減少。1990年にドイツが再統一すると、
元国営企業の倒産が相次ぎ10年間で約10万人の人口が流出。2000年前後を
境に製造・運輸業の誘致に成功したことで人口減少に歯止めがかかる。2010
年からは良好な住環境と手頃な家賃によって若者と移民の人口が急増し、現在
ではドイツ国内の主要都市中で人口増加率が最も高い。

上:衰退の激しいヴルツナー通り／下:ヴルツェ・ツヴァイ、改修前(左)、改修中(右)

上：ヴルツェ・ツヴァイの主要メンバー。全員20代だ／下：ミーティング風景

90年代の衰退と空き家問題

　ライプツィヒはドイツ中部にある人口56万人の都市だ。1870年の普仏戦争後に出版・紡績などの産業集積が起こり、人口が増加、一時期はドイツ帝国内でベルリンに次ぐ人口を有していた。旧市街地の西側と東側に工場、公共施設、住宅が一気に開発され、インナーシティを形成した。この時代につくられた建築群は、時代の名前から「グリュンダーツァイト」と呼ばれている。

　第二次大戦後に共産主義の東ドイツに組み込まれると、国策でベルリンや新産業都市に投資が集中したためにライプツィヒは徐々に人口が減少した。1990年にドイツが再統一すると、西側諸国との競争に敗北した元国営企業は次々と倒産し、労働者は仕事を求めて他都市へ流出した。残された人々も良好な住環境を求めて郊外へ移り住んだ。1990年に53万人あった人口は、1999年には43万人台にまで落ち込み、

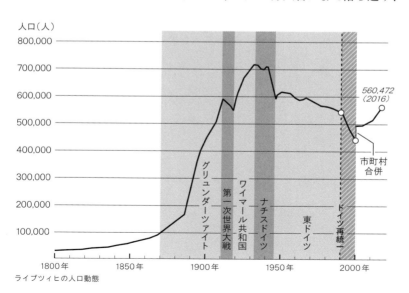

ライプツィヒの人口動態

3. ドイツ／ライプツィヒ：ハウスプロジェクト

10年間で約10万人の人口減が起こった。

急激な人口減で深刻化したのは空き家問題だった。2000年ごろの空き家率は市全体で20％を超え、労働者層が多く住んでいた東西のインナーシティでは地区によって50％を超えていた。住宅需要の減少により改修される見込みがたたず、老朽化したグリュンダーツァイトの建物がただただ朽ち果てていく。廃墟が増えることでますます地区のイメージが悪化し、人口減が加速する。

1990年代のライプツィヒ

「都市改造・東」で取り壊されるグリュンダーツァイトの建物

この悪循環を断ち切るため、2001年から市は連邦政府と州の都市開発助成金「都市改造・東」を用いて、不動産的価値のない建物を取り壊していった。不動産所有者に対し、平米あたり60〜70ユーロの取り壊し費用を助成。供給過多を是正し、健全な住宅マーケットを取り戻すことで地区を再生しようとした。2013年までに約13,000戸が取り壊され、そのうち約3割がグリュンダーツァイトを含む第二次大戦前に建設された建物であった。

この市の動きに対し、2003年に住民、歴史家、建築家、弁護士などで構成される市民グループが、「グリュンダーツァイトはライプツィヒの顔である」との声明を打ち出し、取り壊しでなく保全に公的助成金を用いるべきであるとのロビー活動を開始した。しかし当然のことな

がら、すべての建物を歴史的建築物として公費による保全を行うことは不可能である。不動産市場も公的補助も当てにできない状態で空き家を崩壊から守るにはどうすればよいか。この問題意識から、2004年にNPOハウスハルテン（HausHalten e.V.）が設立された。

ハウスハルテンが生みだした都市の自由空間

住民、建築家、市職員など16人で構成されるハウスハルテンのスローガンは、「利用による保全」だ。代表的なプログラムである「家守の家」は、5年間を期限として空き家の所有者に物件を提供してもらい、そこを利用したい人を募集する、暫定利用のシステムだ。所有者は利用者に建物を使ってもらうことで物件を維持管理してもらうことができ、利用者は期間中家賃なしで空間を利用することができる。

ただでさえ建物の維持管理義務と固定資産税という負の資産を抱えた状態の所有者にとっては、家賃収入がなくとも5年間無償で物件を

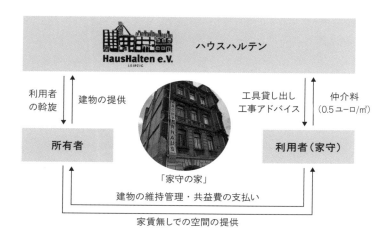

ハウスハルテンの代表的なプログラム「家守の家」のしくみ

3. ドイツ／ライプツィヒ：ハウスプロジェクト

上：ハウスハルテンのメンバー。住民、建築家、市職員などで構成されている／下：「日本の家」の最初の拠点をDIYで改修する

誰かに維持管理してもらえるのは大きなメリットだ。また期限後に不動産価値が上がっていれば、建物の改修や売却を考えればいい。

　一方、多くの物件では原状復帰義務がなく、活動に合わせて好きなように空間を改変でき、ハウスハルテンがさまざまな工具の貸し出しや空間づくりのアドバイスも行っているので、経験の浅い人々でも利用者になって新しいことにチャレンジできる。このように所有者と利用者双方にメリットがあるハウスハルテンはライプツィヒ中に広まり、2016年までに58軒（うち家守の家が17軒）の空き家が再生されていった。

　取り扱う物件数が増えるにつれ、ハウスハルテンの仲介する物件ではさまざまな活動が花開いていった。劇場、アトリエ、ギャラリーなどのアートスペースのほか、子どもたちが自分の絵本をつくる工房、移民の人々がドイツ社会に馴染むための手助けをする団体など、社会的な活動拠点にもなっていった。

　筆者らが運営しているNPOライプツィヒ「日本の家」も、北部にある家守の家の、広さ120㎡という大きな地上階部分を2011年に借りることで始まった。家賃なしという条件に加え、ハウスハルテンから空間づくりや広報などのキックオフに必要なサポートを受けることができた。ただ空間が大きく冬の暖房費が高すぎたため、2012年からは拠点を東地域に移した。

　これまでに投げ銭によるごはんの会、展覧会、コンサート、子ども向けワークショップ、移民や難民に関するイベントなどを行っており、毎週100人以上の人々が訪れるまちづくりの拠点に成長している。カネもコネもなかった我々が活動を始められたのは、まさにハウスハルテンのおかげだった。このような非営利の文化的・社会的活動にとって、家賃のかからないハウスハルテンの物件は活動拠点として最適なのだ。

　見向きもされなかった衰退地区にハウスハルテンの物件ができ、新たな文化や地域問題に挑むような活動が行われだすと、地区の

イメージが変化する。ハウスハルテンが仲介することを示す外壁に掲げられた黄色い垂れ幕は、地区再生の拠点を示す目印になっていった。

こうしてハウスハルテンは「歴史的価値のある空き家を崩壊から守る」ことを目的として始まったが、その後「地区再生に寄与する市民の公益的な活動を空間的にサポートする」という新たな役割を得ることになった。

都市計画による空き家の取り壊しや緑地整備がトップダウンの地域再生手法だとしたら、ハウスハルテンが示したのは市民の能動的な文化的・社会的活動を空間的にバックアップするボトムアップの手法である。市行政としても衰退地区に対し、空き家の取り壊しくらいしか手がなかったなかで、空き家を減らし、かつ地区のイメージを改善できるハウスハルテンの活動は一石二鳥だった。市民活動のベースとなる「自由な空間」こそライプツィヒの都市再生の方向性であると認識した市は、2000年代中盤から「ライプツィヒの自由」を都市政策のスローガンに掲げ、ハウスハルテンと協働したプログラムを次々と打ち出していった。

人口の増加とハウスハルテン・モデルの限界

その後、ライプツィヒの都市状況は再び大きく変わることになる。2000年で底を打っていた人口が増加に転じ、2010年代に入ると若者と移民を中心に人口の急増が起こった。住環境が整ってきた割に家賃が低いことが原因だと考えられている。不動産市場も活性化し、家賃と地価も徐々に上昇している。新たにハウスハルテンに物件を預ける所有者は減少し、暫定利用の期限が切れたハウスハルテンの物件は売却されたり改修されていった。

「歴史的価値のある空き家を崩壊から守る」という当初の目的はこれ

「日本の家」の現在の拠点で毎週開催している「ごはんの会」

で達成されたが、一方で利用者が追い出され、「市民の公益的な活動を空間的にサポートする」という目的はむしろ頓挫することになる。利用者と所有者のwin-win状態をつくるハウスハルテン・モデルは、不動産市場が健全化することで皮肉にも行き詰まってしまう。このジレンマを乗り越えるには、「不動産価値のない空き家の暫定利用」ではなく「住民が自らの活動や生活を実現できる空間を維持すること」が必要である。そこで注目を集めたのが、「ハウスプロジェクト（Hausprojekt）」だった。

「家守の家」の垂れ幕がかかる物件

暫定利用が終わり、改修された「家守の家」

③ ハウスプロジェクトのしくみ

「ハウスプロジェクト」という言葉はドイツ国内でもバズワードになりつつあるのだが、ここでは原理的な定義を「物件がそこに住む人々

によって共同で維持管理され、所有権と処分権が個人に属さず、不動産を営利目的／投機目的に用いないもの」とする。

前述した「ハウスハルテン」は不在地主と交渉し、「暫定的に利用することで建物を維持する」しくみだったが、「ハウスプロジェクト」は、建物が不在地主の手に渡り投機の対象となる前に、地元で市民団体を組織して「建物を購入しオーナーとなる」しくみだ。

ハウスプロジェクトにはいくつかの方法があるが、ここでは「共同住宅シンジケート（Mietshäuser Syndikat）」によるしくみを紹介する。共同住宅シンジケートはハウスプロジェクトのサポートを行うNPO（本部はフライブルク）で、ドイツ全土の126軒のハウスプロジェクトに関わっている。冒頭で紹介した「ヴルツェ・ツヴァイ」もその一つだ。

共同住宅シンジケートによるハウスプロジェクト

ハウスプロジェクトを始めるとき、まず参加希望者（未来の住人たち）でNPOを設立する。このNPOで、物件探し、家賃の設定や物件の部屋割りなどハウスプロジェクトの運営に関する意思決定が行われる。

次に物件探しだ。メンバーの人数や年齢、経済状況、生活水準に見合う物件を探す。物件の種類はさまざまだが、大体集合住宅1棟分（6〜8世帯ほど）くらいの規模のハウスプロジェクトが標準的だ。良い物件が見つかったら、有限会社を立ち上げて購入する。不動産の所有権は常にこの有限会社が持つ。有限会社設立に必要な資本金のうち12,600ユーロを住民が出資し、12,400ユーロを外部の機関である共同住宅シンジケートが出資する。経営権（社員持分）の50％をNPOが持ち、50％を共同住宅シンジケートが持つ。

運営権はNPOが持つが、シンジケートは建物の売却と約款の変更に対する「拒否権」を持つ。有限会社は物件の買い取りと改修費用捻出

85

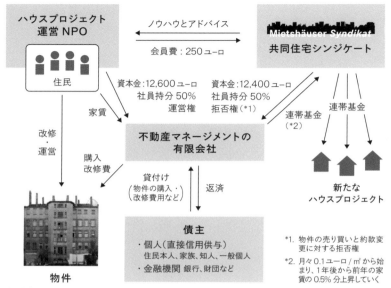

共同住宅シンジケートを利用したハウスプロジェクトのしくみ

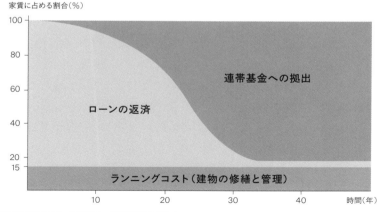

時間が経つにつれ、連帯基金への拠出が増えていく

のため、個人や金融機関から融資を受ける。個人から融資を受ける場合は、「直接信用供与」と呼ばれる方法をとる。返済は家賃収入によって行われる。家賃収入の利益分は「連帯基金」として他のハウスプロジェクトの支援に用いられる。このように共同住宅シンジケートによるハウスプロジェクトは「拒否権」「直接信用供与」「連帯基金」という独自のしくみを持つ。それぞれを詳しく解説しよう。

【拒否権】ハウスプロジェクトの重要な原則は「不動産を投機目的に用いないこと」である。これを徹底するため、もし不動産価値が上がり、住民側が物件の売却や有限会社の約款の変更を行おうとしても、共同住宅シンジケートが経営会議で拒否権を発動し、物件が再び不動産マーケットに流出しないよう歯止めをかけるしくみになっている。シンジケートはそれ以外の運営については介入しない。

【直接信用供与】ハウスプロジェクトの有限会社が個人から融資を受けるしくみである。「契約解除序列約款」という条件がついていて、もしハウスプロジェクトの経営が破綻した場合、債主の債券は一番最後に清算されることと、ハウスプロジェクトに返済能力がない場合は、債券の返済が不履行になることを債主が了承しなくてはならない。そのため住民本人のほかは、ハウスプロジェクトの意義を理解し、住民と個人的な信頼関係のある友人、家族、親戚などが債主になることが多い。直接信用供与は、シンジケートに参加しているハウスプロジェクトの収入総額の44％を占めていることから、ハウスプロジェクトの実現には一般の人々の理解が重要であることがわかる。

【連帯基金】既存のハウスプロジェクトが新たなハウスプロジェクトの設立を経済的にサポートするしくみである。月々0.1ユーロ/㎡から

始まり、毎年前年の家賃の0.5％が加算されていき、連帯基金が家賃の80％に達するとそれ以上は上がらない。連帯基金は一度シンジケートにプールされ、新たなハウスプロジェクトの有限会社の資本金や改修費用となる。2013年時点で22万ユーロの連帯基金が集まっている。こうしてハウスプロジェクト同士が支援しあい、連鎖的に広がっていくようなしくみになっている。

共同住宅シンジケートの歴史

このようにハウスプロジェクトを強力にサポートしている共同住宅シンジケートの源流は、80年代のスクウォット（不法占拠）運動にある。舞台はドイツ南西の都市フライブルク。最近では環境先進都市として有名だ。フライブルクにはドイツの敗戦後にフランス軍の軍事拠点が置かれていたが、80年代にフランス軍が撤退したことで多くの施設が空き家となった。その空間をスクウォッターたちが正式な許可なく占拠し、自らの住居としたり、ライブハウス、工房、アトリエなどとして使い始め、オルタナティブな文化の拠点となっていった。しかしその後再開発が始まると、地権者に立ち退きを迫られ、法的な正当性を持たない多くのスクウォッターが居場所を失っていった。

そんな状況下で、「建物を買い取ることで活動を続ける」という選択をしたのが、フライブルグ西部の元町工場と住宅を占拠していたグループ「グレーター」だった。彼らは1988年に町工場の建物の買い取りと土地の借地に成功し、最初のハウスプロジェクト「グレーター・ウェスト」を立ち上げる。この成功経験をもとにハウスプロジェクトを広め、ネットワークをつくり、他都市のプロジェクトをサポートすべく、1992年にNPO共同住宅シンジケートを設立した。

2000年代後半になると、ドイツをはじめヨーロッパの各都市が不動

3. ドイツ／ライプツィヒ：ハウスプロジェクト

産ブームに沸いた。ベルリン、ハンブルク、アムステルダムなど大都市で都心の再開発が進み、家賃が高騰。都市に住まう人々は凄まじいジェントリフィケーションに直面した。それまで一部のファナティック（熱狂的）な活動家のものだと思われていたハウスプロジェクトは、グローバル資本が席巻する不動産市場から人々が「生きるための空間」を取り戻す手法として一般的に注目されるようになった。

フライブルクにある、現在のグレーター・ウェストの様子

共同住宅シンジケートの出版物

　共同住宅シンジケートの活動も、これを機にドイツ全土に広がり、2016年現在で126（うちライプツィヒは11）のハウスプロジェクト、約2,500人の住人と19の物件探し中のグループがシンジケートに参加している。ドイツのさまざまな都市で有限会社の設立、経理、運営全般などに関する相談会や報告会を頻繁に開き、ハウスプロジェクトに関する知識を共有するプラットフォームとなっている。2013年にはこれらのノウハウをまとめたハンドブックを作成し、これまでに18,000部以上刷られ、希望者に無償で配布されている(*1)。

ハウスプロジェクトを支援する財団や金融機関

　ハウスプロジェクトは不動産投機を抑え、人々に適切な家賃で適切な住居を提供できるという公益性があることを理由に、GLS銀行など公益性を重んじる複数の銀行が共同住宅シンジケートのパートナーとなっており、ハウスプロジェクトの物件取得や改修費用に融資を行っている。

　またスイスの財団エーディス・マリオン（Stiftung Edith Maryon）は、物件が投機目的で不動産マーケットに流れてしまう前に代理で買い取り、その後低利子のローンでハウスプロジェクトに売却するという手法で、ドイツとスイスの21のハウスプロジェクトを支援している。

　たとえばヴルツェ・ツヴァイの土地建物はエーディス・マリオンが約70,000ユーロで買い取っており、それを有限会社が約25年かけて財団から買い取る計画で、土地は有限会社と99年間の賃貸契約が結ばれ、年間約1,000ユーロが賃料として支払われている。このことで、自己資金の少ない若者や低所得者でもハウスプロジェクトを始められるのだ。

なぜ人々はハウスプロジェクトを目指すのか？

　共同住宅シンジケートが旗振り役となってドイツ全土に広まっているハウスプロジェクト。ノウハウが蓄積し、支援する財団や銀行も増え、個々のプロジェクトはさまざまなサポートが受けられる。

　とはいえ、法的な手続きはかなり煩雑だ。グループで常に話し合いをしつつ進めていくので時間もかかる。しかも営利目的ではない事業なので、自分の時間と労力を使う割には経済的な見返りはない。それどころか倒産するリスクがある。

それでもなぜ人々はハウスプロジェクトを目指すのか。関係者に話を聞くと、二つのポイントが浮かびあがる。

① 物件を不動産市場から「引っこ抜く」こと

源流がスクウォットだったこともあり、ハウスプロジェクトは「不動産」という考え方に対して批判的だ。人間が生きるために不可欠な「空間」を「不動産」と見なして投機の対象とすることは、人々の生活を疎外し、格差を助長することにつながる。投機によって転売を繰り返すことで所有者と物件の関係が切れてしまっている状態では、所有者はますます物件の不動産価値にしか興味を抱かなくなる。

「物件はそこに住む人々によって管理運営されるべき」という考えを実践するため、物件を不動産市場から切り離すことができるハウスプロジェクトが手法として魅力的なのだ。

② 住人が納得できる「適切な家賃」を維持できる

ハウスプロジェクトでは、物件の価格や改修費用の返済を考えて、住民たち本人が家賃を決める。若者や低所得者によるハウスプロジェクトであれば、改修を自分たちで行ったり建材費を抑えることで家賃を抑えることができるし、ファミリー層やシニア世代であれば、必要な設備に投資する分を家賃に上乗せすればいい（旧西ドイツのハウスプロジェクトにはこのタイプが多い）。仮に地区の不動産価値が急激に上がったとしても、住民本人が望まない限り物件の家賃は上がらない。

このように、家賃の使い方を常に話し合い、住む人々の経済状況や生活スタイルに合わせた「適切な家賃」を維持することができる。

④ 地域に開かれた自由な空間

地域に開かれたハウスプロジェクト

　ライプツィヒには現在、共同住宅シンジケートを利用したものが11、シンジケートを利用していないものも含めると50以上のハウスプロジェクトが存在している。シンジケートを利用したハウスプロジェクトはすべて2010年以降に設立されており、現在でもハウスプロジェクトに参加を希望する人々は増え続けている。ハウスプロジェクトの特徴は、多くのケースで住民だけでなく地域に開放された場所となっていることだ。

　ライプツィヒの西インナーシティにあるハウスプロジェクト「ツォレ11」では、毎日午後になると小学生から中学生くらいの難民の子どもたちが地上階のスペースにやってきて、ドイツ語を勉強している。ホワイトボードでアルファベットを一文字ずつ覚えている子ども、学校の宿題を見てもらっている子ども、テスト勉強に励む子どもなどさまざまだ。社会福祉系の団体が運営しているが、教えているのは全員学生を中心としたボランティアだ。「ここは使用料がほとんどかからないので、本当に助かっています」とボランティアの女性は語る。

　同じく西インナーシティにあるハウスプロジェクト「ヒンツー・クンフー」は、2階以上が住居とアトリエ、1階にはギャラリー、裁縫工房、食堂が入居し、週末には地域の人々が参加できるイベントが開かれている。さまざまな生地やボタンなどが揃った裁縫工房では、近所の高齢者、子どもや若者が集まり、服をつくるワークショップが行われる。

　裁縫工房の隣の食堂では毎週末ブランチが開かれ、ベジタリアン料

理が振る舞われている。ヨーロッパ各国だけでなく、アジア、中東、アフリカ、南米など、近隣に住む多様なバックグラウンドを持つ人々が料理をつくっている。お代は投げ銭制で経済状態にかかわらず誰でも参加できる。多いときは100人くらいの人々が集まるという。

　上階の居住空間の家賃は2.5ユーロ/㎡（ライプツィヒの平均家賃は約6ユーロ/㎡）と非常に低く抑えられていて、外国人や若いアーティストが居住している。「建物は金儲けの手段にするべきではなく、そこで生活と活動を行うためにある」と、運営者の1人ははっきりと語る。

　冒頭で紹介した「ヴルツェ・ツヴァイ」の地下室には、月に2回ほど、楽器を持った人々が集まってくる。通常のコンサートとは一味異なり、全員が即興で楽器を奏でるジャムセッションが行われる。ラテン、アメリカ、アフリカ、中近東などさまざまな音楽スタイルが入り交じる。「言葉が通じなくても音楽で会話してるのさ」。グルジア出身のギタリストがそう語る後ろでは、難民として渡ってきたイラン人の男性がペルシャ語で美声を披露していた。

　これらはハウスプロジェクトで行われているさまざまな活動のごく一部だ。

自発的な市民活動を支える行政

　ライプツィヒのハウスプロジェクトの立地は東西のインナーシティエリアに集中している。衰退が続いたことで地区の物件の価格が比較的安く、人口増加が始まった後も購入できる物件が残されているためだ。一方でインナーシティは貧困、子育て環境、移民の社会的包摂などの地域課題を抱えている。失業率はライプツィヒ平均の約2倍、住民に占める移民の割合も2〜3倍だ。特に2015年以降の難民の流入で、家賃の安いインナーシティエリアにはさらに移民が集まっている。当

上：ヒンツー・クンフー／中：裁縫工房／下：上階に住むアーティスト

たり前のことだが、人口増加は都市問題の解決につながるとは限らない。むしろ、より多くの難民や貧困層が流入することで、地区によっては問題が複雑化する。そのような変化が激しいインナーシティで、ハウスプロジェクトは地域課題に挑む活動の受け皿となってきた。

　2015年に住宅政策コンセプトを更新した市は、ハウスプロジェクトとの協働を政策的に位置づけ、2016年にその実践として「ネットワーク・ライプツィヒの自由」というプログラムを立ち上げた。市民の自発的な活動を受けとめる「自由な空間」があることがライプツィヒの魅力だったが、都市の成長とともにこれを保つための新たな施策が必要となっているという認識から、ハウスプロジェクトが次世代の「ライプツィヒの自由」を担うものであると位置づけている。

　市の協働プログラムでは具体的には、物件の買い取り額を最大20％まで補助すること、ハウスプロジェクトを始めたい市民に対し適当な物件を紹介すること、融資可能な財団や銀行の紹介、ノウハウや法的手続きのサポートなどが挙げられている。

　具体的な成果はこれからだが、行政がハウスプロジェクトをサポートするのはドイツ国内でも他に例がなく、非常に先進的な取り組みだ。ただし「ネットワーク・ライプツィヒの自由」を実質的に動かしているのは市民団体だ。先に紹介したNPOハウスハルテンは近年、その仲介ネットワークを活かしてハウスプロジェクトの支援を行っており、本プログラムの牽引役になっている。他にもライプツィヒで長らくハウスプロジェクトに関わってきた「住宅とワーゲン協議会」、元スクウォッターからなる「オルタナティブ住居共同体・コネヴィッツ」などの団体が行政の委託を受ける形でプログラムの運営に加わっている。衰退期に始まった市民活動の経験の蓄積があるからこそ可能になったプログラムだ。

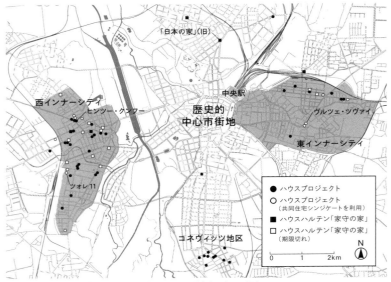

ライプツィヒのハウスプロジェクトとハウスハルテン「家守の家」の分布

⑤ 衰退の先に見えた「空間の真価」

　ライプツィヒでは、90年代の絶望的な衰退状態から、空き家が「自由な空間」として開かれることで、残された人々が汗水たらしながら空間を直し、社会的・文化的活動を始めた。「利用による保全」というハウスハルテンのスローガンが象徴するように、とことん衰退し、不動産市場が崩壊したからこそ、空間はそもそも市場で取引されることではなく、人々がそこに暮らしたり活動するために使われることで価

3. ドイツ／ライプツィヒ：ハウスプロジェクト

値を持つ、という原点に立ち返ることができた。これは、衰退によって露わになった「空間の真価」であり、きれいに設えられた空間を買う・借りるという行為に慣れきってしまっている私たちが忘れがちなことだ。その後、不動産市場が復活するなかで「空間の真価」をどう維持するかという課題に対する答えの一つが、ハウスプロジェクトだった。

　ヴルツェ・ツヴァイでは、週に1回、住民のミーティングが行われている。円になって座り、改修作業の進行状況、予算の割り振り、部屋の間取りや建材、生活のルールなどを話し合う。基本的には多数決をせず、全員が納得するまでとことん話し合う。実務的なことだけではなく、「私たちは何を目指して活動するのか」「今の社会にはどんな空間が必要なのか」といった根源的なこともテーマになり、白熱した話し合いは深夜までかかることもある。根気強くハウスプロジェクトを続けているモチベーションを代表のアナ・リンデンベルガーに尋ねると、「ユートピアは、まず小さい空間から始まる。小さくてもオルタナティブな生活スタイルが可能であることを示せれば、よりたくさんの人が参加するようになるわ」との返事が返ってきた。

　人々が共同で都市空間に介入することで、行政にも市場にも提供できないような価値を生み出すハウスプロジェクトは「都市コモンズ」として近年注目されている。手間と時間をかけながら、自分たちに必要な空間と生活を自分たちでつくること。これはしかし、考えてみればまったく何も新しくない。「個人所有」や「不動産マーケット」よりずっと前からあった人と空間の付き合い方だ。ハウスプロジェクトが私たちに示している「空間の真価」は、実にシンプルでクラシックなものなのだ。

*1　Das Mietshäuser Syndikat: Rücke vor zur Schlossallee - Selbsrorganisiert wohnen, solidarisch wirtschaften, Mietshäuser Syndikat, 2013

ドイツ／ベルリン：
アーバンガーデン

−空き地を誰もが自由に使える庭へ

ミンクス典子

みんくす・のりこ｜ミンクス・アーキテクツ主宰。ドイツ・ライプツィヒ在住。1977年生まれ。日本大学と東京理科大学大学院で建築を学び、2003年渡欧。ウィーン、デュッセルドルフ、ロンドンで現地の設計事務所に勤務後、2009年に一時帰国。磯崎アトリエにて、ドイツ・ボン市のベートーベンホール設計競技に参加。同年よりミンクス・アーキテクツ主宰。2010年に拠点をドイツに移す。2011年よりNPOライプツィヒ「日本の家」共同代表。

① ベルリンの壁崩壊後に現れた 大量の空き地

　1989年、東西ドイツを28年間にわたって隔てていたベルリンの壁が崩壊した。引き金となったのは、ライプツィヒ市民による「月曜デモ」と言われている。当時の東ドイツは秘密警察シュタージ（国家保安省）により市民は徹底的に監視され、言論の自由はないに等しい状況だった。しかし、社会主義による独裁体制に反対する気運が徐々に高まり、1980年代からニコライ教会を拠点に「月曜デモ」が行われるようになり、その輪が少しずつ広がり、89年10月には遂に7万人もの市民が環状道路を埋め尽くすデモに発展した。さらにこの大規模なデモが飛び火して、ベルリンで東ドイツ史上最大となる市民100万人による民主化要求集会が開かれ、壁は崩壊した。

　壁が崩壊した直後、西側に仕事、教育、生活の豊かさを求めて、38万人を超える人々が東ドイツを離れていったと言われている。それも平均30歳未満の若者が多かった。

　ライプツィヒでは市内のバス運転手の半数が出国したため退職者が職場に戻り、軍の兵士もバスの運転に動員された。運転手が足りずに、列車が時刻表通りには走らない。3分の1以上の職員がいなくなったため、閉鎖に追い込まれた病院もあった。トラック運転手が姿を消したために、食料品や生活必需品の流通が滞り、地方は食糧難に陥った。

　そして劇的な人口流出に伴い、大量の空き家が発生し、1990年には旧東ドイツで42万戸の住戸が空いていたと言われている。90年代は、西側からの補助金で東側のあちこちの都市で崩壊寸前の建物が取り壊され、都市の中に大量の空き地が増えていった。

② 人々はなぜアーバンガーデンに 惹きつけられるのか

19世紀に始まったクラインガルテン

「クラインガルテン（Kleingarten、市民農園）」は、1860年代にライプツィヒに住んでいた医師であり教育者でもあるモーリッツ・シュレーバー博士の主導により始まった。彼の名前にちなんで「シュレーバーガルテン」とも呼ばれる。当時、産業革命によって急速に発展した都市では、緑地が減り生活環境の悪化が問題となっていた。また、戦時中に少しでも食料の足しになるような農作物を栽培する場所として、さらに子どもたちが自由に遊べる場所としての役割も期待された。

1919年にクラインガルテン法がドイツで制定されると、非営利の賃貸農園として整備が進んだ。週末に小さな畑で農作業を楽しみ、健康促進や子どもの教育に役立てようと、急速にドイツ各地へと広まっていった。

クラインガルテンの1区画の大きさはさまざまだが、最も多く利用されているのは約100㎡のものである。それぞれの区画は生垣や柵で囲み、ラウベ（小屋）を建て、農具や簡易家具を収納している人が多い。敷地を管理するクラインガルテン協会に年会費を支払い登録して利用する。

このクラインガルテンでは、区画ごとに利用者によってプライベートな使い方がされている。たとえば、友人を招いてバーベキューをすると、隣人から苦情がきたりもする。クラインガルテンは利用者同士がお互いに「監視」する雰囲気が拭いきれない。

上：クラインガルテン／下：アーバンガーデン

誰でも自由に参加できるアーバンガーデン

一方、2000年以降ドイツ国内のあちこちで盛んになっているのが「アーバンガーデン（Urbane Gärten）」である。特に旧東ドイツの都市の中にぽっかりと放置された空き地を使い、新しいコミュニティの場が生まれている。

これまでの都市計画やまちづくりの決定に参加する方法とは違ったツールとして空き地を市民で共有する動きが起きている。これは消費社会やグローバリゼーションを疑問視する世界観に通じる。もちろん「食」に関する関心が高まっている点も重要だが、野菜を植えたいという欲求だけでなく、共同体をつくりたいというモチベーションが活動の背景にある。みんなで参加して、みんなで決めて、みんなでつくる。民主主義の原点である。自分たちの住む都市を、自分たちの手でつくる場として、彼らは戦略的に「ガーデン」を使っているのだ。

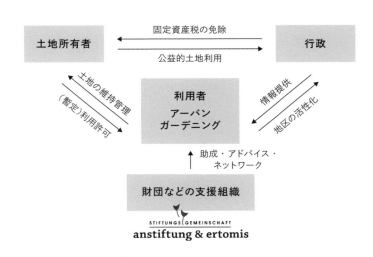

暫定緑地を利用したアーバンガーデンの例

興味深いのは、建築家、都市計画家、社会学者、歴史家、アクティビスト（活動家）など、それぞれの立場によってアーバンガーデンの見方が異なる点である。各分野の人たちがそれぞれの解釈をして、多様な使い方を持ち込んでいる。

　簡易な花壇や廃材でつくられたベンチなどが適当に配置されたアーバンガーデンは、完璧にデザインされた英国式庭園とは対極にある。アーバンガーデンは、誰でも自由に参加できるコミュニティの場として開かれているので、完成させることが目的ではない。完成予想図もない。むしろ、都市が変化していく過程で暫定的に利用される。現在、ドイツには633のアーバンガーデンがあると言われているが、衰退地域にあったアーバンガーデンが、開発が進み地価が高騰して消滅する例も少なくない。

③　ベルリンのプリンセスガーデン
オーガニックなローカルエコノミーの実践

【Berlin】ドイツの首都。人口350万人。13世紀にシュプレー川岸に商業都市として形成され、1700年代にプロイセンの首都となって以降、歴代のドイツの首都として発展する。1920年代には文化面で黄金時代を迎え、世界的な都市となる。第二次世界大戦後、東ドイツの首都である東ベルリンと、西ドイツの事実上の飛び地で周辺をベルリンの壁（1961〜1989年）で囲まれた西ベルリンに分断された。1989年のドイツ再統一により再び首都となる。経済に占める第三次産業の割合は80%。

60年間放置された空き地を不法占拠

　旧東ベルリンのフリードリヒスハイン地区と旧西ベルリンのクロイツベルク地区が壁の崩壊後に合併されて誕生したクロイツベルク地区

4. ドイツ／ベルリン：アーバンガーデン

左：プリンセスガーデンの発起人、マルコ・クラウセン／右：ロバート・ショウ

は、ベルリン市内で住民の平均年齢が最も若く、オルタナティブでクリエイティブな人々が集まる地区として知られる。そもそも貧困層が多く住む中下層地域であったが、再開発が進むと比較的豊かな人々が流入し、元々そこに住みこの地域の価値をつくってきた人たちが追い出されてしまうジェントリフィケーションが進んでいる。

　交通量の多い環状交差点のモーリッツ広場に面する約6,000㎡の空き地は、60年以上も放置されてゴミ溜めになっていた。そこに目をつけた歴史家マルコ・クラウセンと映像作家ロバート・ショウは、2009年に不法占拠を始めた。そうするとすぐに賛同する人たちが集まり、彼らは100人を超える仲間と共に空き地を緑が溢れる空間に変えていった。現在では500種類以上の作物が育つ「プリンセスガーデン（Prinzessinagarten）」は、市民や観光客が日々集まる「コミュニティ

ベルリンのプリンセスガーデン。左が2009年、右が2012年

現在のプリンセスガーデン

無農薬で栽培されている野菜

農園」になっている。

　土地は市が所有しており、暫定利用のため野菜や植物は移動可能なプランターに植えられている。契約は毎年更新という不安定な条件でありながらも、コンテナを利用して軽食を出すカフェやトイレも設置され、ベルリンの観光マップにも紹介されるなど、確実に都市の中に根づいた場所になっている。

　彼らは収益を目的としない共益の有限会社（gGmbH）を設立し、寄付とカフェの売り上げから土地の賃料をやりくりしている。アーティスト、建築家をはじめ、食や環境に関心のある人たちなど20〜30人くらいが集まって活動している。

ガーデンではさまざまな
アクティビティが行われている

農業でつながるコミュニティ

　プリンセスガーデンは、キューバのハバナやチリのサンティアゴの近郊農業を手本としている。そこでは現実的な経済問題への取り組みとしてだけでなく、農業を住民たちのコミュニケーションのツールとして用いている。マルコとロバートも、近隣住民をはじめ誰でも参加できる場所として、SNSやウェブサイト、メールで呼びかけ仲間を増やしている。

　すべての作物は無農薬で栽培されており、化学薬品を一切使用せず、種や土もオーガニック認定されているものを使うなど徹底している。敷地内で育つ緑や作物が地域の生態システムと気候に合うことが重要だと考えられているからである。庭で採れるハーブや野菜は、カフェ

ガーデン内のカフェ

で使われるほか寄付と引き換えに持ち帰ることもできる。たとえば、カフェでハーブティーを注文すると、はさみとグラスを渡される。庭を散策して自分で好きなハーブを切ってグラスに入れてカフェのカウンターに戻ると、お湯を入れてくれる。つまり、お金との代償で何かを手に入れるだけではなく、ここでは「参加する」行為が加わるのだ。

　さらに、敷地内には自転車の修理工房があり、養蜂して蜂蜜を収穫したり、大豆から豆腐をつくるワークショップを行ったり、環境・リサイクル・自然・農作物などをテーマに活動する人たちが関わり、新しいアイデアを持つ人たちの起業の場にもなっている。

　プリンセスガーデンの発起人の1人、マルコ・クラウセンはアーバンガーデンの役割を次のように語っている。

　「都市にある空き地に作物を栽培して、地域の人たちと協働することは、社会への問いと繋がっている。実質的なガーデニング活動は、生物学的な多様性、健康的な食事、リサイクル、環境問題、気候変動などに結びつく。そしてアーバンガーデンの実践は、超ローカル経済がつくる豊かさのモデルを試す可能性を持っている。つまりそれは、私たちがこれから都市の中でどうやって生きていきたいか、という問いを投げかけている。」(*1)

　プリンセスガーデンは、2012年8月、市から立退きを要求され、閉鎖の危機に陥った。しかし、数週間のうちに3万人以上の署名が集まり撤回された。急速に発展するベルリンにおいて、プリンセスガーデンのような自由な空間が維持されることは、都市計画においても重要な意味がある。開発して高層ビルを乱立させ都市を過密させることは誰も望んでいない。マルコとロバートのような開拓者は、空き地に機能を与えるだけでなく、そこに社会的な意味を生みだしている。そして、彼らに影響を受けた若者たちがほかの都市でアーバンガーデンを立ち上げ始めている。

4. ドイツ／ベルリン：アーバンガーデン

テンペルホーフ空港跡地のアルメンデ
600人が関わる都市コモンズ

市民が選択した巨大な緑地

　ベルリン市南部に位置するテンペルホーフ空港は、1923年に開港され、第二次世界大戦中はヒトラーの命令により軍事飛行場として使用された。その後も西ベルリンの主要空港の一つとして使用されたが、滑走路が狭いことや空港拡張が困難なことから、旅客機の大型化に伴い発着便の多くがテーゲル空港へ移されたため利用便数が減少した。それによる利用者の減少から赤字が増え、ブランデンブルク空港への

テンペルホーフ空港

上：テンペルホーフ空港跡地／下：難民用の仮設住戸として使われた格納庫

4. ドイツ／ベルリン：アーバンガーデン

跡地の一画にあるアルメンデ

115

機能集約により閉鎖される方針が示された。

　ところが反対意見が多く出たため、その賛否を問う市民投票が2008年4月に実施された。閉鎖反対が投票数の6割を超えたものの、投票率自体は3割にとどまったため、予定通り同年10月末に閉鎖された。その結果380ヘクタールもの巨大な空間が空き地となった。

　行政が提案した、市立図書館の新築、不動産会社に土地を売って集合住宅とオフィス群を建設、国際庭園博（IGA - Internationalen Gartenausstellung）の開催といった案に対して、市民から猛反対が起きた。

　2011年には「100％テンペルホーフ」というイニシアティブ団体が立ち上がり、空港跡地の将来の使い方について世論に大きな影響力を及ぼすようになる。そして2014年、2016年までの空港跡地の暫定利用について市民投票が行われ、この敷地には建物を一切建設せず、民間企業に売却することもしないという結論に至った。

　現在は都市の中の巨大な緑地として市民に親しまれ、サイクリング、ジョギング、スケートなどに使用され、春と秋には大きなマラソン大会が開かれている。芝生の上では人々がくつろぎ、サッカーやバーベキューを楽しむほか、かつての飛行機格納庫ではコンサートやメッセなどの大規模なイベントも行われている。また2015年から2年間、格納庫の一部が難民用の仮設住戸としても使われ、最大時には2,500名が共同生活していた。

誰もが自由に使える共有空間

　そんな空港跡地の一画にアーバンガーデン「アルメンデ（Allmende、共有地）」がある。2010年、天文学者クリストーフェ・コタニを含む研究者や農業従事者など13人のアクティビストたちが、約5,000㎡の

草地に10個の花壇をつくり始めると、瞬く間に大きな反響を呼んだ。コタニらは2014年にはNPO「共同ガーデン・アルメンデ-コントーア（Gemeinschaftsgarten Allmende-Kontor e.V.）」を立ち上げ、現在では600人以上が関わっている。土地の所有者である市とはこのNPOが賃貸契約を結び、寄付、会費（年間12ユーロ）、花壇一つにつき30／45／60ユーロ（3段階から利用者が自分で選ぶしくみ）の利用料を集めて、そこから賃料をやりくりしている。

　また、アルメンデは「庭」としての機能だけではなく、教育や研究のための非常に重要なネットワークの場になっている。

　ここではクライガルテンのように柵で各庭を囲わないことをポリシーにしており、「誰もが自由に使える共有の空間」を市民が自らつくりだし、維持することを実践している。境界をつくらず誰でも入れる空間は、一方で共有の農具や作物が盗まれることが絶えないという。それでも「管理」する場所として利用者が場を閉じてしまうのではなく、「共有」する姿勢を貫くことで、単なるコミュニティガーデンを超えた社会的な意義を示している。

　アルメンデの設立メンバーの1人であるクリストーフェ・コタニはこの庭の役割を「都市コモンズ」として、次のように述べている。

　「"都市コモンズ"のコンセプトは共有財産、つまり資本主義の社会で国家や個人のどちらにも属さない土地であることです。そのような土地はドイツにはもうどこにもありません。だから私たちはその考えを再生しているのです。」[*2]

⑤ ライプツィヒ・ヨーゼフ通りの地域の庭
コミュニティガーデンから広がるまちづくり

衰退した街に安全な遊び場をつくろう

　ベルリンの壁の崩壊後、大量の人口流出を経験した旧東ドイツのライプツィヒでは、あちこちで激しい衰退が進んだ。市西部リンデナウ地区のヨーゼフ通りには100人以上が住んでいたが、ゴミが散乱し、路上駐車している車には放火されるなど、治安の悪化に伴い、住民は10人以下にまで減った。

　そこでリンデナウ地区に住み、地域活動に非常に積極的だったクリスティーナ・ヴァイスを中心とした住民たちがリンデナウ地区協会を立ち上げ、2001年頃から再生に取り組み始めた。

　2004年、その地区協会に小さな子どもを持つ母親たちが相談に訪れ、「公園の砂場にタバコの吸殻や犬の糞、割れたアルコールの瓶が散乱していて、とても子どもたちを遊ばせられない。どこか他に安全な遊び場をつくれないか」と相談した。

　そこで協会は、ヨーゼフ通りで長い間放置されていた空き地を市民に開放するために動き始めた。この空き地は、ヨーゼフ通りと隣のジーメリング通りにまたがる七つの区画を合わせた土地で、所有者はスイスの不動産業者からハノーファー在住の個人までさまざまだった。協会は、土地の所有者たちに連絡をとり、彼らの土地を使う目的を説明した。放置していると固定資産税が課されるが、パブリックに開放すると税金が免除され、なにより地域住民が切実に使うことを望んでいる。協会のメンバーは実際に土地所有者全員と、地域住民、そして行政職員を現地に招いてそのメリットを説明し、問題点があればどのよ

上：完成当時の地域の庭／下：現在の地域の庭。奥に見えるのが自転車工房、キッチンが入る元倉庫

うに解決できるかを話しあった。その結果、10年の期限付きで暫定利用の許可が下りた。

住環境を向上させた庭

雑草が森のように覆い茂っていた空き地にはゴミが溢れていたが、地区協会が主導する形で多くの住民がボランティアで加わり、まずその掃除から始めた。同地区では通常、粗大ゴミを処理する際は袋に専用シールを貼る必要があるが、地域住民100人以上がシールを寄付してくれ、一斉掃除のために区から廃棄物処理用のコンテナを1台支給してもらった。敷地内に放置されていた倉庫は改修されて、現在は自転車の修理工房とキッチン、トイレとして使われている。

その後2006年には、雨が降ったときの居場所を確保すべく、寄付を募って3,500ユーロを集め、多くのボランティアの力を借りて藁葺き小屋を建設した。今はそこにかまどを設けて、パンやケーキを焼いている。

現在、「地域の庭（Nachbarschaftsgarten）」は約50世帯、200人ほどの住民に利用されている。基本的に庭の使い方は自由で、農園、子どものための砂場、木工工房、自転車修理工房などの施設が住民の手でつくられ、天気のよい日は、子どもたちが裸で庭内を走り回り、大人たちはビール片手に庭の手入れを楽しむ。かつてゴミの山だった空き地は、住民の手によって地域の人たちが集う庭に生まれ変わった。

2010年を過ぎる頃から、人口が増加に転じたライプツィ

リンデナウ地区協会の発起人、クリスティーナ・ヴァイス

ヒでは、住宅の数が追いつかず、建設ラッシュが続く。地域の庭をきっかけに住環境が向上したヨーゼフ通りの一帯も若い住民が増え、新しく幼稚園や集合住宅が建設され、地域は息を吹き返している。

暫定利用の期限が過ぎ、地域の庭として使っていた土地の大部分も所有者に返され、新しく集合住宅が建設され始めた。唯一、自転車工房、キッチンとトイレに使っている建物とその周辺の土地だけは、地区協会が働きかけて2010年にメンバーの1人が個人的に購入し、この一区画だけは守り抜いた。

都市が衰退して発展に向かう過程の中で生まれてきた「自由な空間」を、これからどう維持することができるのか。自分たちの住む空間をどうつくっていくのか。市民と行政が共に考え続けなければならないテーマである。

リンデナウ地区協会の発起人で、地域の庭やハウスハルテン（3章参照）の仕掛け人でもあるクリスティーナ・ヴァイスは都市を自分たちの手でつくることの重要性を次のように述べる。

「自分の住む地区を一番に考えているので、私の時間と労力を惜しみなく費やしますよ。"私たち自身が都市"ですから。」[*3]

⑥ ドイツのアーバンガーデンを支える組織

1990年代にゲッティンゲン市で起こった文化交流ガーデンの流れをくむアーバンガーデンは、2017年10月現在、ドイツ国内に633カ所あると言われている。規模はさまざまで、自分の住んでいる都市で新し

大人も子ども集うアーバンガーデン

4. ドイツ／ベルリン：アーバンガーデン

アーバンガーデンの分布（円内は各都市の箇所数）

くアーバンガーデンを始めようという人たちが毎年増えている。ただ、どこに空き地があるのか、どうやって材料などを手に入れるのか、最低限必要な資金のやりくりをどうしたらよいかなど、わからないことも多い。そこで、やる気も時間もあって次のステップを探している人たちを支援する組織としてとして次のようなものがある。

地域マネジメント（ライプツィヒの例）

ライプツィヒでは市が再生の重点地域に定めているところに、市から委託する形で「地域マネジメント」が活動している。ライプツィヒでは、西部、北部、東部にあり、直接現地に拠点を置いている。それぞれの地域にオフィスがあり、2～3人がパートタイムで働いている。彼らは毎年労働契約を更新する必要があり、成果を出せなければ職を失うシビアな環境である。

彼らはその地域で活動している人たちのネットワークをつなぐ役割を果たし、新しく活動したい人たちにアドバイスや情報を提供している。空き地や空き家について、個人情報となる家主の連絡先は公開できないとしても、どこの誰に問い合わせれば連絡がとれるかを教えてくれる。また、立ち上げ資金として市や州からの助成金の案内や手続きについても相談にのってくれる。

アーバンガーデン財団共同体

ミュンヘンを拠点とする「アンシュテノフトゥング＆エルトミス（anstiftung & ertomis）」は、2008年に二つの財団を統合して設立された。エルトミス財団は、障害者に仕事の機会を与える目的で1973年にブッパータールで、アンシュティフトゥング財団は、手工芸・文化・

社会の分野で活動する団体を支援する目的で1982年に設立された。

　二つの財団の統合にあたり、「持続可能なライフスタイルの研究・支援・発展」が活動の目的に定められた。社会学者でありDIY文化を発信する開拓者として有名なクリスタ・ミュラーが代表を務め、ドイツのアーバンガーデニングを一気に盛り上げる重要な役割を果たしている。

　この財団は、10〜20万円程度の立ち上げ資金を助成するだけでなく、実際に助成した先に半年ほど経った後で訪問して、問題点があれば具体的な助言を行う。そして、同じような問題を抱える他のアーバンガーデンとつないで、仲間を増やしていく支援をする。初期段階はモチベーションで乗り切ることができても、その後に継続していくことがいかに難しいかを知っているからである。

　さらにドイツ国内のあちこちの都市にあるアーバンガーデンをつなぐイベントやワークショップを開催する支援を行い、広報物の出版や展覧会も積極的に行っている。代表のミュラー氏は、社会学者としてアーバンガーデンをさまざまな見地から学術的に発信するだけでなく、実践的に支援することで、アーバンガーデンが都市に与える影響力を増大させている。

*1 Prinzessinengarten. Anders gärtnern in der Stadt, Dumont, 2012
*2 2015年9月インタビューより
*3 Mehr als die Summe der Einzelteile - Die Entwicklung des Bildhauerviertels, Blaue Reihe, Beiträge zur Stadtentwicklung 59, Stadt Leipzig, Dezernat Stadtentwicklung und Bau, 2016

5

ドイツ／ラオジッツ：
インダストリアル・ランドスケープ

－かつての炭鉱を人々が憩う湖へ

中江 研

なかえ・けん｜神戸大学大学院工学研究科建築学専攻准教授。1968年生まれ。1993年
神戸大学大学院建築学専攻修士課程修了。博士（工学）。建築史研究室で主にドイツ・モ
ダニズムの建築史・建築論を研究中。兵庫県の生野鉱山の産業遺産の調査から、近代に
企業がつくったまちや住宅に関心が広がり、日本と世界の社宅街を調査・研究している。

① 産業遺産と IBA

近代産業の残滓が文化遺産になる

　富岡製糸場や三池炭鉱などの「明治日本の産業革命遺産」がユネスコ世界文化遺産となって以来、「産業遺産」という言葉は日本でもかなり知られるようになった。しかし、そのような誰もが知る産業遺産はごくわずかだ。昔、なんらかの産業が栄えた地方にはそれを伝える遺構が残されているが、たいていは廃墟同然で、けっして見栄えのするものではない。歴史的な意味は多少知られていたとしても、地元の人たちにとっては、早く消え去ってほしい過去の遺物でしかないことも多い。

　一方ドイツでは、産業遺産をその街の文化的なアイデンティティと捉え、都市計画や大規模な土木事業と結びつけて、衰退した地方を活性化させている街もある。その試みは IBA という形でドイツ国内はもとより、世界的に知られるプロジェクトとなっている。

IBA とは？

　IBA（イバ）とは「Internationale Bauausstellung」の省略形で、国際的な建設／建築の展覧会・博覧会を意味する。中長期的な期間を設定し、国際的な規模でそこでの課題をコンペやワークショップで提示して、会期後もそのまま使われることとなる建築物やインフラ整備などが展示物となる展覧会・博覧会だ。

　最初期の IBA は国際的に活躍する建築家による最先端デザインの競演として住宅地などの再開発を行うものだった。第二次大戦後、東西

に分断されたベルリンで1952〜57年に開催された時は「インターバウ」と呼ばれた。西ベルリンのハンザ・フィアテル地区で「明日の都市」と銘打ってヴァルター・グロピウスやオスカー・ニーマイヤー設計の集合住宅が建設された。今のIBAという名称で最初に開催されたのは1987年のベルリンで、「批評的な再建」としてO.M.ウンガースなどのポスト・モダンの建築家たちによる集合住宅街区が建設された。

IBAとルール地方の産業遺産

転機となったのは1989〜99年に開催された「IBAエムシャー・パーク」だろう。産業転換で著しく衰退したルール地方の旧鉱工業地帯の疲弊した社会や文化、汚染された生態系を含めた構造変革を推進するため、「産業文化」という視点を基軸として10年間で約120のプロジェクトが展開された。

モニュメンタルな産業遺産を生かしたランドスケープ・デザイン、エムシャー川を中心とした生態系の再生、「公園で働く」をテーマとした新しい職場のデザイン、工業地帯に広がる労働者住宅のリニューアルを含めた住宅整備と都市開発、そしてそれらを通じた職業訓練と雇用創出が展開された。これらのプロジェクトには約15億ユーロの公的資金と10億ユーロの民間資金の投資が行われたとされる（*1）。

ルール地方の17自治体が参加するという広域性、建築にとどまらない都市計画的、土木工学的スケールでの再整備、生態系の再生、工業地帯の歴史性の主題化という点で、後のIBAや世界各地の産業遺産の活用にインパクトを与えた。

そして次に開催されたのが、ここで取り上げるラオジッツのIBA「フュルスト＝ピュックラー＝ラント（Fürst-Pückler-Land）」だ。

上：世界遺産のツォルフェアアイン炭鉱。立坑巻上機（中央）の左奥がOMAのリノベーションによるルール・ミュージアム（エッセン市）／下：製鋼工場跡を再開発した商業施設ツェントロ（オーバーハウゼン市）

5. ドイツ／ラオジッツ：インダストリアル・ランドスケープ

② ラオジッツの産業遺産と IBA の立ち上げ

【Lausitz】現在のドイツ東部、ブランデンブルク州南部からザクセン州東部にかけ
ての地域。このうち IBA を推進した1市4郡の人口は約60万人。ラオジッツの褐炭
は、旧東ドイツのエネルギー産業を支えたが、ドイツ統一後は褐炭需要の減少によ
り産業が縮小し、深刻な失業と人口流出が生じる。ラオジッツのブランデンブルク
州地域では2000年以降、IBA の博覧会をきっかけに炭鉱遺産の活用を通じた観光
産業への転換が図られ、地域再生に取り組む。

褐炭産業の街ラオジッツ

　ラオジッツは旧東ドイツのポーランド国境近くに広がる地域だ。そこか
しこに大きな湖があるこの地方の地図を見ると、美しい湖水と森が広がる
風景を想像するだろう。しかし、この湖こそがラオジッツの産業遺産だ。
産業遺産は産業活動が止まり、撤退した後に残された不要物ともいえる。
産業遺産があるということは、そこが衰退したということを端的に示して
いる。これだけの広大な土地を使い、そして不要となる産業とは何だろうか。
　実際のラオジッツは今も稼働中の産炭地であり発電地域だ。地図をよ
く見ると大きな土色の塊がいくつかある。その場所が今まさに露天掘り
をしているところだ。ドイツと言えば環境問題に取り組む先進的な国と
いうイメージがある。たしかに再生可能エネルギーによる発電は30％ほ
どに達するが、一方で50％は褐炭・石炭の火力によるものだ (*2)。

巨大な穴と表土の砂漠

　ここで産出するのは石炭ではなく、より質の劣る褐炭だ。比較的浅
い地層にあるので、坑道はつくらずに巨大な機械で露天掘りしている。
褐炭の地層まで数十メートルひたすら表土を剥いで脇へよける。褐炭

が出たら採取してベルトコンベアーで発電所まで送る。少しずつ掘る場所をずらし、掘り終えたところには次の表土を積んでいく。これをひたすら繰り返す。ある地域の褐炭を掘りつくすと、次に埋め戻す土砂がない。結果、最後は巨大な穴と表土の砂漠が残る。

採掘中は周囲の地下水をポンプアップしているが、止めると地下水が出てきて、40〜50年ぐらいかけてゆっくりと穴に水が溜まって湖になる。しかし露天掘りの穴のままだと硫酸塩土壌が露出するので、溜まった水は極度の酸性で含塩量が高く、生き物のいない巨大な水溜まりとなってしまう。また、剥いで積み上げた表土はいわば巨大な埋め立て地なので、非常に柔らかく、安定するのにも時間がかかる (*3)。

そして変化するのは自然だけではない。収支さえ合えば褐炭のあるところはどこであろうと採掘される。そこが昔から人が住んできた街であっても、住民を移住させ、街を撤去し、表土を剥ぎ、褐炭を採る。街のあった場所に土は戻っても、街も人も戻ることはない。

露天掘りの炭鉱は地球の表面を削りとる産業であり、地上にあったあらゆるものをまさに根こそぎ破壊してしまう。

東ドイツの褐炭産業の盛衰

ドイツはもともと西部のルール地方などで優良な石炭が採れていたが、第二次大戦後の東西分裂で東ドイツにはその石炭が入ってこなくなった。東ドイツはエネルギー自給政策をとったため、唯一のエネルギー資源である褐炭の需要が非常に高まり、国営企業によって積極的に採掘が進められた。1980年代の終わりには東ドイツ国内の褐炭露天掘りは40カ所を数えた。ラオジッツでは130もの集落や住宅地もしくはその一部が掘り去られ、2万5,000人が移住した。移住者が最も多かった場所はグロースレッシェンで、人口の半分の4,000人が移住しなければならなかった。

しかし、1990年の東西ドイツの統一によってそれが一転し、80％の褐炭の需要が一気になくなった。褐炭しか産業のなかったラオジッツは深刻な打撃を受けてしまう。失業率は25％に上昇し、人口のほぼ4分の1がこの地域を去ってしまった。

IBAの立ち上げ

90年代の終わりごろ、ラオジッツでは露天掘りの穴が20ほどあったようだ。当時、コットブス市の市長が考えたのは、20ある穴を全部湖にするのは可能だが、それは新しくもなんともない。他の地域でもやられているし、需要がそもそもない。全部を水浴場にするのもリアリティがない。そこで、それぞれの場所を特徴づけるためにブランデンブルク州内の四つの郡とコットブス市の首長がIBAを始めることを決定し、これらの自治体が株主となって運営を担う期間限定の有限会社が設立された。公募で選ばれたIBAのオフィス（以下、IBA本部）のチーフマネージャーがロルフ・クーン氏だった。彼は都市計画家、地域プランナーで、都市計画と都市社会学分野の二つの博士号を持ち、前職はバウハウス・デッサウ財団のディレクターを務めていた人物だ。

採炭終了時には事業者である電力会社が復旧計画を州の鉱山局に提出する。大規模な造成計画となるので、これに併せて各自治体は都市計画や施設の新設などの事業も行う。州鉱山局はそれらを調整して、再生マスタープランを策定する。国際建築展の計画がそのマスタープランに組み込まれ、2000年から10年間のIBAが19世紀に活躍した造園家ピュックラー候の名を冠してスタートした。

IBA本部のチーフマネージャー、ロルフ・クーン氏

稼働中の炭鉱ヴェルツォウ・ズード

　褐炭地域の再生に必要な莫大な資金は連邦や州、EUから投じられ、使途は連邦政府と褐炭地域4州の合同機関「褐炭地域再生のための運営・予算委員会（StuBA）」が調整・決定している。大がかりな土木的事業は連邦政府管轄下の「ラオジッツおよび中部ドイツ鉱山管理公社（LMBV）」が担う。IBAの事業にもこの資金が充てられ、実施主体となる各自治体などへの配分は州政府、StuBA、LMBV、自治体の都市計画部署からなるプロジェクト諮問委員会が管理した。

　IBA本部はプロジェクトやイベントの企画立案や調整が主な役目で、IBA本部の建築家たちはデザインも行うが、コンペやワークショップ、イベントのオーガナイズが大事な仕事だった。また小さな自治体ではEU等の大きな助成金の申請の経験がない人たちが多く、IBA本部にいる資金調達の専門家のサポートも重要だった。

5. ドイツ／ラオジッツ：インダストリアル・ランドスケープ

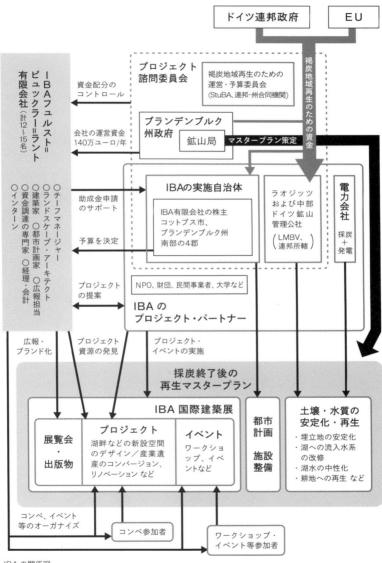

IBAの関係図

露天掘り跡の再生シナリオ

ラオジッツの再生の要となるのは、当然ながら露天掘り跡をどうするかだ。考えうるシナリオは三つ。

一つは、穴を部分的に埋めて農耕地とする案。この場合、いくつかの工場などの産業遺産は残るが、広大な露天掘り跡であったという痕跡は消え去ることになる。

もう一つは、そのまま放置して湖に還す案。しかしこれは先に記したように、酸性で含塩量が高く、生き物のいない巨大な水溜まりが出現する。こうした水は周辺の土壌や生態系を汚染する危険があり、閉鎖しておかなければならない。結局誰も立ち入れない土地となってしまう。

三つめは、周辺汚染の危険をなくし、湖に生き物が帰ってくる時間を短縮する案。そのためには中和を促進し、水量を増やす必要がある。アルカリ性の薬剤を入れたり、雨水や川の水を引いたりするなど、水環境工学に配慮した大規模な造成を行ってはじめて速やかに自然に還すことが可能となる。また、そのままでは倒壊してしまう埋め立て地の軟弱地盤を岸辺として、整備していく。こうした造成に合わせてランドスケープ・デザインを行い、建築的なプロジェクトやイベントなどを組み合わせて、荒んだ風景の広がるラオジッツを活気づけようというのが、再生のシナリオとなった。

プロジェクトに与える基本的な性格

クーン氏がここでのプロジェクトの基本的な性格として重視したものが二つある。

彼は1998年にここに来たが、当時、住民たちは、とにかく汚い工場は負の遺産であり、全部撤去してほしいという思いが強かった。また

国際建築展(IBA)フュルスト=ピュックラー=ラント 2000-2010

IBAプロジェクト

1 IBAの開幕エリア グロースレッシェン・ズード
2 見学用鉱山 F60
3 フローティング・ディスカバリー・センター「太陽」
4 イベント発電所 プレッサ
5 バイオタワー ラオホハンマー
6 工場団地と田園都市 マルガ
7 湖の都市 ゼンフテンベルク
8 ランドマーク ラオジッツの湖の地
9 浮かぶ家々 ガイアースヴァルデ
10 ラグーンの村 ゼードリッツ
11 浮かぶポンツーン ゼードリッツァー湖
12 マリーナパーク ゼードリッツァー湖
13 ランドスケープ・プロジェクト ヴェルツォウ
14 エネルギー・ランドスケープ ヴェルツォウ
15 フュルスト=ピュックラー=パーク バート・ムスカウ
16 ジオパーク ムスカウ-アーチ
17 グビン教会
18 グーベン・ウール(工場) - ナイセ川の島 - ヴォルフ邸
19 コットブスのオスト湖(東湖)
20 フュルスト=ピュックラー=パーク ブラニッツ
21 大規模団地 ザクセンドルフ=マドロウ
22 スラブ人の砦 ラドゥッシュ
23 水の国 シュプレー(インフォメーション&ビジターセンター)
24 ジールマン財団による自然景観 ヴァニンチェン
25 文化的景観 侯爵のごときドゥレーナ村
26 ランドスケープ・アートワーク「手」アルトドェーベルン
27 浮かぶ家々 グレーベンドルファー湖
28 アート・ランドスケープ プリッツェン
29 ラウジッツの産業文化・エネルギー街道
30 フュルスト=ピュックラーの道

ラオジッツの産業文化・エネルギー街道

A ビジターセンター IBAテラス
B 見学用鉱山 F60
C 工学技術の記念物 ブリケット工場 ルイーズ
D イベント発電所 プレッサ
E バイオタワー ラオホハンマー
F 田園都市 マルガ
G ラオジッツ鉱山ミュージアム クナッペンローデ
H 発電所 シュヴァルツ・プンペ(黒いポンプ)
I 露天掘り鉱山 ヴェルツォウ・ズード
J アートミュージアム ディーゼル発電所 コットブス

ラオジッツのIBAで取り組まれた30のプロジェクトと「ラオジッツ産業文化・エネルギー街道」

IBAのファイナルイベントのポスター（露天掘り跡バージョン）。砂漠や月面にたとえられる露天掘り跡の風景。背後に褐炭の終着点である火力発電所も写る

5. ドイツ／ラオジッツ：インダストリアル・ランドスケープ

IBAのファイナルイベントのポスター（湖バージョン）。湖になった露天掘り跡。その奥には表土むき出しの場所も見える

一方で、煉瓦でつくられた建築など、この場所の伝統は守ってほしいとも思っていた。しかし、湖はそもそも工業があったから生まれたもので、単にきれいな湖をつくるというのではなく、歴史とつなげることが重要だと、彼は考えた。

その一方で、IBAには新しい提案をすることが求められるので、それは時に人の期待を裏切るし、前衛すぎるものになる。住民が反対しても、その新しさが他の場所にはないものとなると考えた。

こうして湖やそれに付随する産業の遺構を壊すのではなく、新しい機能、新しい特性、新しい形を与えて活用していくことをラオジッツのIBAでは推し進めていった。IBAは最終的に30のプロジェクトを行ったが、そのいくつかを見てみよう。

③ 石炭採掘跡地を巨大な湖へ

グロースレッシェナー湖とIBAテラス

先に記した4,000人が移住させられた街グロースレッシェンは湖になっている。これを眺める場所としてIBAテラスがつくられた。

湖に至るIBAの本部の前の道は街が消える前のメインストリートだった。この通りには元は炭鉱会社の建物であったIBA本部や、50年代の旧東ドイツの学校の建物や炭鉱の高位の職員の家が立ち並ぶ。それが湖の端に辿り着くと非常にモダンなIBAテラスの建物が現れる。

IBAが重視したのは、このフェーズの転換であり、このプロジェク

トのアイコン／目印となるものをつくることだった。IBAテラスによって、「ここまで新しいことをやります。今は砂漠のようなものしか見えないけれど、美しい湖になります」という目印をはっきり示す。それをつくることがIBAの一つの役割だった。

クーン氏は次のように語る。

「IBAテラスができたころは湖はまだ砂漠の状態で、よく砂漠を歩くツアーをやっていた。地元の人たちが嫌っていた砂漠のようなランドスケープから水のランドスケープに変わっていくそのプロセスをきちんと観察できるようにすることがすごく大事なんだ。砂漠のランドスケープも面白いと捉えてもらえようにようになることがね。」

風景の変化は微々たるものでも、将来の美しい姿をイメージできるような場にすることが、ここでのデザインのポイントだったのだろう。

湖の地のランドマーク「錆びた釘」

アイコン／目印の一つが地元で「錆びた釘」と呼ばれるランドマーク。30mのコールテン鋼の塊が大地に突き刺さっているかのような展望台だ。この展望台の脇に運河があり、ここの10の湖は全部こうした運河でつながっている。これは氷河期に自然がつくったものではなく、人間がつくったからこそ10の湖が近接して、しかもそれが運河でつながれているという特殊性がある。それを強調するアイコン／目印となる塔を建てたのだ。

「錆びた釘」という名は地元の人たちがつけたあだ名で、ネガティブなイメージがつくのを嫌ったのかIBAではそう呼ばれなかった。露天掘り炭鉱ではルール・ミュージアムの立坑巻上機のような高い施設は地上にはない。20の運河があって、それが10の湖をつないでいる。この塔に登って初めてここがまさに湖の地であることを体感できる大事な場所だ。

上：グロースレッシェナー湖畔の IBA テラス。湖への斜面はぶどう畑に再生されている／中：展望台「錆びた釘」から IBA テラスの方向を望む／下：グレーベンドルフ湖のダイビング・ステーション

5. ドイツ／ラオジッツ：インダストリアル・ランドスケープ

ゼードリッツァー湖畔の展望台「錆びた釘」

湖上の別荘、ダイビング・ステーション

　ガイアースバルダー湖では浮く別荘、つまりボートハウスの別荘が、またグレーベンドルフ湖ではダイビング・ステーションがつくられた。別荘は木造賃貸の簡素なものからハイテクなものまでいろいろある。これはうまくいっていて、そこの街の人口は倍増している。ハンブルクからわざわざここまで借りに来る人もいる。四方が水に囲まれていて直接ボートに乗れるというのが特徴で、浮く別荘は各地にあるが、昔の炭鉱跡の湖にあるのは珍しい。

④　活用される産業遺産

見学用鉱山「F60」

　「F60」は露天掘りの現場で60mの高さに表土を運搬するベルトコンベアー・ブリッジだ。脚部支点間距離272m、全長は502m。302mのエッフェル塔を横に倒したよりはるかに大きい。しかも稼働時はレールの上を行き来する動くブリッジだった。1992年に稼働停止したこの巨大な機械が地元に払い下げられ、「見学用鉱山」としてオープンした。大人気の施設で、2001年のオープンから来訪者はすでに100万人を超えている。

バイオタワー「ラオジッツのカステル・デル・モンテ」

1952年のコークス工場の操業停止まで、高炉スラグから出てくるフェノール汚染水をバクテリアで浄化するための施設だった。キャッチコピーの「カステル・デル・モンテ」はイタリア南部にある中世の城の名前で、外観が似ていることからそう名づけられた。

体験鉱山「ヴェルツォウ・ズード」

これまで見てきたものは過去のもの＝遺産だが、稼働中の鉱山を見学する産業ツーリズムも行われている。

このツアーを最初に仕掛けたのは当時IBA本部のプロジェクト・リーダーだったカールステン・フォイヒト氏だ。彼はベルリンの大学で建築を学んだ後、「知覚認識ワークショップ」というアート・プロジェクトや建築ツアーを行っていた経験から、この場所にしかないツアーを考えた。炭鉱を所有する電力会社に掛け合って、稼働中のF60などの巨大機械が動き回る露天掘り炭鉱を見学できるようにしたのだ。

彼はこれまで2万人を案内してきたが、自分がガイドするツアーではガイドの説明を聴き、目で視るというありふれた内容でなく、参加者自らがこの炭鉱で特別な何かを感じとってもらうことを大事にしてきた。彼のアイデアで始まった、参加者が採炭場でとるランチは今も行われている。巡るルートも、最上部からの全景や最下部の褐炭層の採掘現場だけでなく、ひまわり畑や松の植林地帯などの植生の回復状況を車窓から眺め、掘り去られた街の記念碑を散策し、積み上げた表土の斜面がぶどう畑となった風景で終わる。街を壊し、褐炭を掘り、掘りつくした後は農地へという一連の過程が理解できるようプログラムされている。

上：ベルトコンベアー・ブリッジを活用した見学用鉱山「F60」／下：バイオタワー「ラオジッツのカステル・デル・モンテ」

5. ドイツ／ラオジッツ：インダストリアル・ランドスケープ

稼働中の鉱山を体験するツアー。砂漠のような採炭場でランチ

⑤ 立ち行かなくなったプロジェクト

　もちろん、IBAが取り組んだ30のプロジェクトのすべてがうまくいったわけではない。住民との意見の相違を乗り越えられなかったり、思惑通りにはいかなかったものあった。

　巨大な採炭機械の稼働跡として大地にすじが残る場所をそのままランドスケープとする「ランドスケープ・プロジェクト　ヴェルツォウ」は、砂漠のようになった露天掘り跡地でキャンプやキャラバンをする、ラオジッツならではのプロジェクトで、IBA本部が一番大事だと考えていた。しかし、見栄えの悪いものを残さず、早くきれいな風景にすることを望

んでいる地元住民の反対に遭い、プロジェクトは頓挫してしまった。

　また、発電所跡や使われなくなった産業施設、現役の採炭場所など
を結ぶ「ラウジッツ産業文化・エネルギー街道」が、エネルギーを生
み出す施設群を巡る観光ルートとして設定された。当初は旅行者用の
バスルートの新設なども企画されたが、現役の採炭場などの一部の人
気施設以外は外部からの観光客は増えず、必ずしも成功したプロジェ
クトとはいえない。

⑥　ここにしかないものの見つけ方

　東西ドイツ統一後の1991年から2016年までに褐炭露天掘り跡の復旧
再生にかかったコストは、褐炭地域の中部ドイツ4州全体で総額約104
億ユーロ。そして、その約4割、約44億ユーロがラオジッツを中心と
したブランデンブルク州に投入された。そして今後も続く。それに対し
てIBA本部の組織運営費は同州から年に140万ユーロだった[*4]。

　東ドイツ時代は建築コストの3％をクリエイティブなことに使うこ
とが法律で決められていたが、今はそういう制度はない。しかし、東
ドイツ時代の考え方は現在も地域の再生には有効である。IBA本部の
運営費は跡地の復旧再生の総額と比べれば微々たるものだが、このお
金があるかないかで、地域の運命が大きく変わる。クリエイティブな
ものにお金を使わないと地域は面白くならないと、クーン氏は語る。

　では、地域を面白くする、ここにしかないものをどうやって見つけ
だし、つくりだすのか。彼いわく、それには二つある。

148

一つは、どのように炭鉱が掘られ、燃やされ、エネルギーに変わるかを、歴史的な資源を使って全部見せること。東ドイツの産業のオリジナリティがそこに含まれている。

もう一つは、コンペをすることで、それを発見するプロセスを見いだすこと。コンペの条件は、ここのオリジナリティを見つけだすこと。コンペの設計条件を設定する際に議論され、そして応募者が見つけだしたものが案の中で示され、さらにそれらの案の選考の際に議論される。その3段階のプロセスでその土地らしさが見いだされる。

ここに来る観光客のうち、近年は1割がチェコから来ている。炭鉱跡地が観光地化されている都市はライプツィヒなど他にもあるが、ここにしかないものを提示することで、注目を集め、集客する。それこそが IBA の一つの使命だった。

ドイツでも、日本でも、鉱業活動によって生じたダメージやリスクの要因を是正する義務を鉱業会社が負うことが法律で定められている。異なるのは、日本は原状回復が原則であることだ。だから閉山した鉱山は元の土地の姿に還るだけとなってしまう。そして地図上の鉱山の記号も消されて、そこでの人間の営為は一切消えてなくなってしまう。

ラオジッツの IBA のプロジェクトは産業遺産を手掛かりにして、ここにしかない新たな風景を生み出す方法を示してくれている。残すべきものが何かに気づけば、産業が消え去った日本の地方でも、その地に残された遺産から、これまで見たことのない風景が生まれるかもしれない。

*1 永松栄『IBA エムシャー・パークの地域再生』水曜社、2006年
*2 Arbeitsgemeinschaft Energiebilanzen e. V., "Stromerzeugung nach Energieträgern 1990 - 2016 (Stand August 2017）", http://www.ag-energiebilanzen.de/#20170811_brd_stromerzeugung1990-2016
*3 IBA Fürst-Pückler-Land (Hg.), Neue Landschaft Lausitz, Jovis Verlag, 2010
*4 Bund-Länder-Geschäftsstelle für die Braunkohlesanierung (GS StuBA), Kosten der Braunkohlesanierung 1991-2017 (2017 - Plan), 2017
    http://www.braunkohlesanierung.de/docs/109_GSK_gesamt_nach_VA.pdf

アメリカ／デトロイト：
エリア再生というスタートアップ
― 起業家のグラスルーツ活動が変えるコミュニティ

阿部大輔

あべ・だいすけ｜龍谷大学政策学部准教授。1975年ホノルル生まれ。早稲田大学理工学部土木工学科卒業、東京大学大学院工学系研究科都市工学専攻博士課程修了。カタルーニャ工科大学バルセロナ建築学校博士課程修了。博士（工学）。著書に『バルセロナ旧市街の再生戦略』（学芸出版社）、『地域空間の包容力と社会的持続性』（編著、日本経済評論社）、『都市経営時代のアーバンデザイン』（共著、学芸出版社）など。

自動車産業がいまだ回復傾向を見せず、デトロイトは2013年に財政破綻した。市にかつてのような財力は望むべくもない。都心部にも依然として空き地・空きビルが目立つ。20世紀アメリカ型都市政策の縮図とでも言えそうなデトロイトだが、近年、起業家精神に富んだクリエイティブな取り組みが数多く展開されるようになってきた。それを受け、市も2012年に創造的縮小都市を目指すための枠組みとして「戦略フレームワーク（Strategic Framework Plan)」を作成した。さまざまなアクターが賢く縮小していく方法を模索している。

① モータータウンの繁栄と没落

【Detroit】ミシガン州南東部にある都市。人口71万人。1903年にヘンリー・フォードが大規模な自動車工場を建設したことにより、三大自動車メーカーが集まる自動車産業都市として発展した。30年代には180万人もの人口を抱え、その半分が自動車産業に従事。60年代に工場の職を求め南部から移住してきた黒人と白人との間に摩擦が生じ、67年に大暴動が起こる。治安の悪化を恐れた裕福な白人層が郊外に移り住み、中心部の空洞化が進む。80年代には安価な日本車に押され自動車産業が衰退し、失業率が増大。2013年、市が財政破綻した。

産業衰退後のビジョンなき住宅地開発

　デトロイトはアメリカ近代都市の繁栄と没落を象徴する都市である。繁栄というのはもちろん、世界的に名高い自動車産業を基盤とした経済発展だ。ビジネス、商業、劇場、メディア、スポーツスタジアムが立地するダウンタウン、そして官庁街、当時アメリカ第二位の規模を誇った23階建てのハドソン百貨店（盛時には1日10万人の来客があっ

たといわれている）が立地する繁華街。ダウンタウンから4kmほど離れたミッドタウンには、ウェイン州立大学、デトロイト市立美術館、博物館、総合病院が立地するようになった。そして、その先にニューセンターと呼ばれる20世紀の新しいビジネスセンター（ゼネラルモーターズが本社を置いた）が開発された。

　没落というのは、言うまでもなく、自動車産業の深刻な斜陽を背景とする都市経済の地盤沈下とそれに伴う人口の流出である。1970年代はアメリカのあらゆる歴史都市にとって極めて困難な時代だったが、特にデトロイトを取り巻く環境は過酷であった。都市を覆っていたのは、高い失業率、人種差別、住宅市場の崩壊、ジョンソン政権時代から始まる連邦国家による「善意の」住宅政策がもたらした意図せぬ弊害などであった。

	1950年	1960年	1970年	1980年	1990年	2000年	2010年
人口（人）	1,849,568	1,670,144	1,541,063	1,203,368	1,037,974	951,207	713,777
アフリカ系アメリカ人の割合	16%	30%	43%	63%	75%	82%	83%
世帯数（世帯）	501,145	514,837	497,753	424,033	374,057	345,424	271,050
雇用された市民（人）	758,784	612,295	361,184	394,707	335,462	331,441	203,893
工業雇用の割合	46.0%	37.3%	55.8%	28.7%	20.5%	18.8%	11.4%
世帯あたりの雇用人口（人）	1.51	1.19	0.73	0.93	0.9	0.96	0.75
失業率	7.4%	9.9%	7.2%	18.5%	19.7%	13.8%	29.0%
雇用（市外からの通勤を含む）（人）	NA	NA	735,164	562,120	442,490	345,424	347,545
平均世帯収入（ドル）	31,033	52,948	55,763	36,506	25,922	37,005	28,357

デトロイトの人口・雇用・収入の推移（*1）

上：放火された空き家／下：放火された空き店舗

上：都心部には廃墟ビルも目立つが、空き倉庫をリノベーションしたカフェも増えてきた（キャス通り）／
下：通り沿いのコミュニティガーデン

こうした重苦しい空気のなか、1973年に登場したのがデトロイト初のアフリカ系市長コールマン・ヤングだったが、ヤング市政はデトロイトの凋落の雄弁な証言者となっただけで、コミュニティの崩壊に歯止めをかけることはできなかった。

　ヤングとその後のデニス・アーチャー、クワメ・キルパトリックといった歴代の市長は、基本的に民間開発に寛容であり、その姿勢はデトロイトの不動産市場がやや回復した1990年代初期に顕著に現れた。その後、十数年にわたり、デベロッパーは市内で開発のポテンシャルを秘めた土地に郊外型住宅地を次々と建設していった。2000年の段階で、デトロイトはすでに全盛期の人口の56％を失うとともに、人口の約83％をアフリカ系住民が占めるという極めて特殊な人口構成となっていたにもかかわらず、である。

　人口減少が顕在化しつつある時期に、市内の広大な土地でこうした社会階層の購入意欲を刺激する住宅地開発が繰り返されてきたのが、1990年代以降のデトロイトの都市形成の歴史であった。急速な人口減少のなかでゴーストタウン化する住宅地が続出し、空き家・空き地の面積が市域の3分の1も占めるようになり、その利活用に都市の命運を賭けざるをえなくなっている背景には、ビジョンなき住宅地開発の存在があった。

都市風景の綻び

　デトロイトの都市の骨格であるウッドワード通りの1本西にあるキャス通りを、2時間ほどかけて歩いた。この通りは、あるいは現在のデトロイトの現状と再生の可能性を理解するのに適切な通りかもしれない。

　管理されずに放置された空きビルや空き地が多く、決して歩く意欲が刺激される通りではない。しかし、いくつかの光明は見てとれる。

大学が近接するという地理的特質もあり、古びたビルをカフェバーや
ギャラリーに転用する動きが出てきている。通り沿いのほどよく手入
れされたコミュニティガーデンは、歯抜けの街並みに一瞬の安らぎを
与えてくれる。今後、活発な市民活動の集積地となる可能性を秘めて
いる。

　とはいえ、いくつかの高級住宅市街地を除くと、デトロイトは「衰
退した都市風景」の一つの行き着く先を示している。ダウンタウンで
はテナントやオフィスが撤退したままの幽霊ビルや、街並みのリズム
を断絶する人影のまばらな広々としたパーキングが目立つ。かつての
中央駅はまさに幽霊ビルだ。自動車産業の繁栄の象徴である大規模工
場の多くは廃墟状態にある。数多くの労働者を収容するために建設さ
れた住宅団地は、今では小動物の影さえ見ることのできない廃墟となっ
ている。

　車に乗り、低所得者の多くが住む郊外へと足を伸ばすと状況はさら
に悪化する。ヒップホップMCのエミネムが主演しヒットした映画の
タイトルにも付けられた、富裕層と貧困層を地理的に分断する8 Mile
Road を超えたエリアのみならず、貧困層が住む居住地は市内に点在し
ており、そのほとんどにおいて、空き家や空き店舗、そしてゴミ捨て
場のような様相を呈する空き地が目立ち、少なからぬ住宅は放火の後、
放置されている。

　ひとえに低所得者層の居住地といっても、そのなかにも収入状況に
応じた微妙なグラデーションがあるようで、少しでも安定的な収入を
手にするとまた別の新たな住宅地へと移り住んでいく「住み逃げ」の
ような現象が確認できる。デトロイトの広大な土地は、焼き畑農業の
ように食いつぶされているが、それでも土地は余るほど存在しており、
一度打ち捨てられた土地は再生の過程に乗りづらいという特殊な状況
にある。こうして、ゴーストタウンが産み落とされる一方、収入の状

上：都市の成長を支えた工場の多くが打ち捨てられ廃墟状態に／下：かつてソウル歌手のアレサ・フランクリンも住んでいたという、工場労働者向けの市営住宅団地は取り壊されもせず、ただ異様な風貌をさらしている

況に強く固定された新たな住宅地ばかりが「再生産」されていく。

広大な地域をいかに縮小するか

　「デトロイト・フリープレス」の元記者であるジョン・ギャラガーは著書『Reimaging Detroit』において、急激に縮小するダウンタウンの現状を素描し、デトロイトが2008年のフォーブス誌に掲載された「最も悲惨な都市」リストにおいて最上位にランクされたことに触れながら、デトロイトの持続可能な将来を握るのは創造的な縮小だと指摘し、「縮小することは、好ましいこと。なぜか？」と問題提起する（*2）。
　デトロイトにおける持続可能な都市縮小を考える際、まず考慮しなければならないのが、その市域の広さ（359.4㎢）である。現地の専門家は、その広さを説明する際に、デトロイトの航空写真を下敷きに、ニューヨーク（マンハッタン、59.5㎢）とボストン（125.4㎢）、そしてサンフランシスコ（121.5㎢）の地図を重ねた図を紹介する。アーバンデザインの先進都市でもあるこれら三都市の合計面積以上の領域が、デトロイト再生の現場となるのである。そして、適切な縮小を支える政策の大きな柱が、地区コミュニティ（ネイバーフッド）の再生と都市農業の発展を通した環境再生である。

再生の現場としてのネイバーフッド

　都市を縮小させていくことは、デトロイトの土地利用を再検討することに他ならない。そして、その土地利用はコミュニティの生活の質に直結する。
　地区再生のアプローチは多様である。たとえば、コミュニティの再生を目的とするNPO「次世代のデトロイト・地区イニシアティブ（Next

Detroit Neighborhood Initiative)」は、失業や住宅地の荒廃等の問題を抱える市内7地区を対象に、地区内の掃除や美観の回復、アートや文化への参加機会の提供等を通して、住民の日常生活の改善を図り、地区への愛着を強化することを狙い、活動している。

　1997年に活動を開始した「コミュニティ・ディベロップメント・アドボケイツ・オブ・デトロイト（CDAD）」は、コミュニティの住民参加やエンパワーメントに関するNPOの総合的な事業団体であり、サステイナブルかつ戦略的な土地利用の構想を通して、デトロイト内に土地整備の需要を発生させ、エリアの再生を狙っている。2010年には、土地利用戦略を第一の活動目標に掲げ、非営利のシンクタンクである「データ・ドリブン・デトロイト（DDD）」と連携し、詳細なデータに基づいた「地区再生戦略フレームワーク（Neighborhood Revitalization Strategic Framework）」を発表した。

　CDAD代表のティム・ソーランド氏は、「私たちはこれまで近隣地区を人で満ちた状態に維持することにばかり注意してきたが、もはやそういう状況ではない」と述べている[*3]。

　地区再生戦略フレームワークは、コミュニティの土地利用を「伝統的居住地」「環境保全ベンチャー」「ショッピング・ハブ」等の合計10種類に類型化し、1～2年の短期、3～5年の中期、6年以上の長期のスパンで段階的に達成が可能な項目をガイドラインとして示している。CDADは、デトロイト内のコミュニティがこの戦略フレームワークを達成できるよう、技術的な支援を提供している。採用された方法論は一般的であるが、長年政策不在の状況が続いていた広大な土地に、再び適切な秩序を取り戻そうという意図がある。

　CDADの活動からも理解されるように、デトロイトの再生へ向けた第一歩として、戦略的な土地利用が位置づけられている。そうした土地利用の中でも、再生の鍵を握ると考えられているのが、都市農業の展開である。

6. アメリカ／デトロイト：エリア再生というスタートアップ

② 空いた広大な土地を戦略的に農地化する

　再生に向けての最も基本となる単位が未利用のまま放置された区画である。寂れた空き地は都市内に幅広く存在している。こうした土地をめぐって、都市農業を展開し、農業をキーワードに定住者を呼び込もうとする動きが活発だ。

　グリーニング・オブ・デトロイトは、市内の空き地を美しく快適な緑地空間や農作物の生産拠点として再活用しながら、市民参加や教育・雇用問題の改善を目指すNPOだ。彼らの活動によって2009年には800のコミュニティガーデンが実現した。

　とはいえ、たいていのコミュニティガーデンは150㎡程度の大きさでしかない。小さくとも着実な農地の回復は、やがてはデトロイトの風景を治癒していくだろう。しかし、デトロイトは、空き地だけでおおよそボストンやサンフランシスコに匹敵する面積を有しており、小さな空き地の回復だけでは再生の効果が見えづらい状況にある。ギャラガーは、こうした規模の大きさが問題となるデトロイトにおいて、都市農業が再生の糸口となるためには、ハンツ財団のジョン・ハンツや一度に数百エーカーの農地の再生に着手しているSHAR財団に代表されるようなビジネスの感覚も兼ね備えた人材の存在が不可欠であることを指摘する。

高級住宅地インディアンビレッジに隣接する放棄された空き地を森や農地に戻すプロジェクトを手がけるハンツ財団のスタッフ

161

都市の空き地に展開するリカバリー・パークのファーム

6. アメリカ／デトロイト：エリア再生というスタートアップ

上：工場跡や学校跡をコンバージョンし緑地と結ぶ地区再生／下：リカバリー・パークの運営メンバーと参加者。右端が SHAR 財団の最高開発責任者ゲイリー・ウォズニアック氏

ハンツ財団は、デトロイト東部、デトロイト川の河畔に広がる1マイル四方のエリアを対象に、教育環境の改善や都市環境の美化を通じて住民の生活を向上させることを目的に2012年に設立された。主に高校生を対象に、財団自らが保有する土地において起業のノウハウや農業の手ほどきを支援している。

　SHAR財団（Self Help Addiction Rehabilitation）は、麻薬中毒患者のリハビリ支援を目的とする財団である。SHAR財団は「リカバリー・パーク（Recovery Park）」と名づけられた2,000エーカーを超える農園整備を計画し、着手している。リカバリー・パークは、単なる緑地の整備にとどまらない、民間ベースの統合的な再生プランだ。放置された工場跡や学校跡のコンバージョンを、その周辺の緑地の再整備と関連づけて大規模に展開することを意図している。

　展開するプログラムとして、「地産のフードシステム」「都市農業」「食物の加工と流通」「文化、音楽、アート」「都市構造の再構築」「コミュニティへの関与」「教育および職業訓練」「代替エネルギー」を設定し、空間の再生のみならず、その近隣界隈のコミュニティ、住民の生活の再生までもその視野に入れている。

　デトロイト・コラボラティブ・デザインセンターと協働で作成された図面には、「キルテッド・アーバニズム（Quilted Urbanism）」と銘打たれている。デトロイト内に散在している荒廃した空き地という断片と断片をつなぐ空間をキルトにたとえ、リカバリー・パークは単なる建築のコンバージョンにとどまるのではなく、地区と地区を結ぶキルトを順次浸透させていく、というのだ。

　SHAR財団の最高開発責任者ゲイリー・ウォズニアック氏によると、SHAR財団は土地や建造物の利用に関してデトロイト公立学校協会ならびにデトロイト市と同意書を交わし、リカバリー・パークの整備のために合計50にのぼるさまざまな団体と提携を結んでいる。SHAR財団は

6. アメリカ／デトロイト：エリア再生というスタートアップ

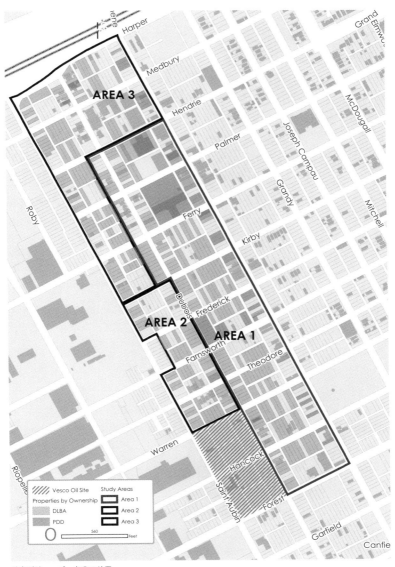

リカバリー・パークのエリア

公立学校協会および市から180エーカーに上る土地を買い取り、食品加工施設を再整備し新たに150ほどの雇用を生み出すことを計画している。

　整備予定地は、かつての小学校や中学校、旧工場等の施設を中心にその周辺に広がる空き地である。学校が配置されていたこともあり、近隣に点在する界隈は、まだ完全には力を失っていないようだ。日が傾きかけた夕方前、簡素な住宅の前に椅子を並べ、談笑にふけるアフリカン・アメリカンのコミュニティの様子は、今後のコミュニティ再生の可能性を感じさせる。新たに再生される空間が、市や財団の所有物であることを超えて、界隈の住民たちが「私たちに属するもの」と感じられるようになることが不可欠だろう。近隣界隈がそうした空間の維持管理の主体となれるかどうかに、リカバリー・パークの未来がかかっていると言えそうだ。

③　ゲリラアートが街路を再生する

　デトロイトには自分の生まれ育った街路を前衛的なアート・ビレッジ運動の拠点としながら、界隈の再生に取り組んでいる個性的な活動がある。空き地を利用したゲリラ・アート・インスタレーションの草分けが、タイリー・ガイトン氏による「ハイデルベルグ・プロジェクト（The Heidelberg Project）」だ。

　1986年に開始されたこのプロジェクトは、企画者であるガイトン氏が生まれ育った馴染みの路地＝ハイデルベルグ通りが空き地の浸食によって荒れ果てていく状況に対する異議の表明でもあった。ガイトン

氏とその仲間たち（多くは幼なじみであった）は通りや空き地に転がっていたガラクタを拾い集め、それにペイントし、それらを組み合わせて奇怪なオブジェをつくり、空き地に展示した。

ハイデルベルグ・プロジェクトはこれまでにアート関係の賞を多数受賞するなど、市内外から評価を受けているが、一方でデトロイト市はあまり好ましく捉えていないようで、1991年と1999年の二度にわたってこのゲリラ・アート・インスタレーションの一部を取り壊している。しかし、活動は継続されており、現在ではデトロイトを代表する観光スポットになっている。

ハイデルベルグ・プロジェクトは、規模としてはあくまで点的な働きかけに過ぎないかもしれない。しかし、たった一つの土地が「化膿」すれば、まずはそれに隣接する住宅、次に通りというように界隈全体に伝染することをガイトン氏は見抜いていたのだろう。土地への愛着を芸術活動として表現しているガイトン氏の取り組みは、これまでも、そしてこれからも、個人をベースとしたデトロイト再生の一つのモデルであり続けるだろう。

④ サッカーがつくるコミュニティのネットワーク

デトロイト全体に広がる共通の都市問題としての空き地から、話題をダウンタウンの興味深い取り組みに転じよう。

衰退の過程でさまざまな都市問題が噴出し、それぞれに独立して存在しているかのように見えるダウンタウンの多様な界隈に、娯楽としてのサッカーのリーグ戦を通して一種の結束感・連帯感をもたらそ

うとする試みがある。「デトロイト・フットボール・リーグ（Detroit City Futbol League）」だ。設立者であり、ダウンタウンのコークタウン在住のショーン・マン氏の願いは、ダウンタウンをかつてのように生き生きとした魅力的な場所に戻すことである。

　1,300人以上の登録人数を抱える合計30を超えるチームが「コパ・デトロイト」（デトロイト杯）をかけて熱戦を繰り広げる。リーグに所属する各チームは、デトロイトのダウンタウンを特徴づけてきた伝統的なコミュニティを代表している。各界隈はそれぞれにチーム名・フラッグを持つ。試合は18歳以上、8人制、デトロイト川のベル島に位置する市所有のグラウンドで行われる。試合後は、各界隈にあるチーム行きつけのバーが交代制で「ハッピーアワー」と称する特別な交流機会を確保し、コミュニティ間の交流が図られている。衰退傾向にある地区が、少なくともシーズン中はコミュニティのバーを中心に、ひとときの賑わいを見せる。

　リーグの取り組みで興味深いのが「コミュニティ・ポイント」の設定だ。コミュニティ・ポイントは、リーグに所属するチームが自らのコミュニティにおいてリーグ開催中に奉仕活動を実施し、それを記録した際に付与されるしくみである。リーグの勝敗が同率の場合、このコミュニティ・ポイントの多いチームが上位にくる。シーズンを通してコミュニティ・ポイント獲得数が最も多かったチームには特別賞が贈られる。

　アメフトや野球の陰に隠れるが、かなりの競技者数を誇るサッカー大国でもあるアメリカにおいて、英語のsoccerではなくラテン系の表現であるfutbolが使われているのが興味深い。ショーン氏は、多文化なダウンタウンの今後の再生を願い、よりユニバーサルな意味合いを込めて、この単語を用いたという。

⑤ 音楽が街を楽しく変える

　デトロイトは伝統的に世界を代表する音楽活動の一大拠点でもある。1959年にデトロイトで設立されたレコード会社モータウンは、映画「ドリームガールズ」（2006年）のモデルともなったシュープリームス、マーヴィン・ゲイ、スティービー・ワンダーといった日本でも人気を博した数々のソウル・ミュージシャンを輩出した。他にも地元出身のアレサ・フランクリン、近年ではエミネムに代表されるヒップホップ、ホアン・アトキンスやデリック・メイを中心とする「デトロイト系」と称されるハウスミュージック…。新旧織り交ぜ、継続的に音楽業界に新たな風を送り込んでいる。

　そうしたデトロイトを代表する老舗の録音スタジオが「ハーモニー・パーク・スタジオ（Harmonie Park Studio）」である。兄と共にスタジオを設立し、今日に至るまで運営の中心を担ってきたブライアン・パストリア氏は、質の高い音楽の創造だけでなく、万人が触れることのできる音楽を通した地域の再生を構想している。

　スタジオは、「クライン・デトロイト・ビジネス」誌（2010年秋号）において、デトロイトを代表する10の都市のオアシスに選ばれたパラダイス・バレー・パークに面して位置する。パストリア兄弟がこの地区にスタジオを移した当時、周辺には空きビルが目立ったという。しかし、スタジオの成功もあって、近年では建築事務所やデザインオフィス、しゃれたシーフードレストランやカフェが軒を連ねる、雰囲気のある街並みへと変貌した。一つの文化産業拠点が徐々に地区を創造的な界隈に変化させていくという、典型的な事例だ。もともと住民が多く住んでいたわけではないから、居住者層が変容するというジェントリフィケーションの悪い側面もあまりない。

上：住宅地に展示されるゲリラ・アート／下：コパ・デトロイトのポスター

6. アメリカ／デトロイト：エリア再生というスタートアップ

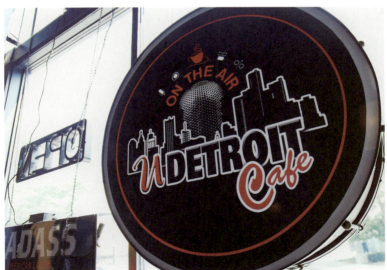

上：工場街の事務所をリノベーションしたハーモニー・パーク・スタジオ／下：スタジオの1階に入るコミュニティラジオ U-Detroit

現在、ハーモニー・パーク・スタジオはコミュニティラジオ「U-Detroit」を運営している。音楽を中心に、アートやデザイン関係の情報拠点ともなっており、デトロイトの一種のカルチャー・センターとしても機能しつつある。また、音楽を通した地域の若者教育支援プログラムも実施している。このプログラムは、教育とエンターテインメントをかけて「エデュテインメント（Edutainment）」と名づけられている。子どもたちに楽器のレッスンやコンサートの機会を提供し（会場はスタジオ前の広場）、スタジオ特製のCDやDVDを作成する企画もある。若者が人生を楽しく生きるための一つのアプローチとして音楽に触れ、自己表現の手段としての音楽の可能性を感じとることで、芸術のある日常を創出する試みだ。ある音楽スタジオの、デトロイトの将来を踏まえた、挑戦的なアウトリーチ（奉仕）・プログラムである。

　本稿で紹介したいくつかの取り組みを振り返ると、今後のデトロイト再生の一つの鍵を握ると思われるのが、個人という「私」をベースに据えたアウトリーチ活動である。NPOのような「公共性」を基本理念とする単位としてアプローチするのではなく、あるいは行政のようにより客観的で公平な「論理性」を追求するのでもなく、個人的な興味関心に裏づけられた起業家精神あふれるアプローチが、都市に生じた大きな綻びを徐々に治癒しつつある。同様の考えを持ち、趣旨に賛同しうる人が都市中にはおそらく多数存在しており、そうした人々が徐々にネットワークでつながっていくことで、都市の創造的縮退を支える熱心で不可欠な力強いクライアントになっていく。

6. アメリカ／デトロイト：エリア再生というスタートアップ

⑥ 創造的縮小を目指す行政の戦略フレームワーク

戦略フレームワークの作成

　かつては失敗ばかりを連ねた行政による都市政策が手をこまねいていたかというと、そうではない。都市が急激に縮小していくことを正面から見据えたプランニングが紆余曲折を経ながらも漸進的に進められている。それが本稿の冒頭でも言及した「戦略フレームワーク」である。

　戦略フレームワークは、住民や地域のリーダー、NPOや民間セクターからの参加を得ながら、およそ2年に及ぶ徹底的な市民参画を経て、2012年12月に公表された縮小都市デトロイトのマスタープランである。2009年にデイブ・ビン市長が就任し、危機感を持って縮小都市政策をスタートさせたことが背景にある。元バスケットボール選手のビン市長の旗ふりのもと、都市の将来像をボトムアップで構築することを目的に2010年に創設された「デトロイト・ワークス・プロジェクト（Detroit Works Project）」がプラン作成のプラットフォームとして機能した。

　戦略フレームワークは、デトロイトの都市政策史上初めて都市構造の再編や新規開発に依拠しない既存コミュニティ再生の視点を盛り込

戦略フレームワーク作成を担当した建築家ダン・キンキード（左）とデトロイト・ワークス・プロジェクトのスタッフ

んだ点、大小さまざまな空き地や空き家問題に正面から向き合っている点が特徴的である。また、かつての人口に決して回復しないであろうことを明記した最初のプランでもある。「経済成長」「土地利用」「都市構造」「コミュニティ」「資産としての土地および建造物」が計画の主眼におかれている。

人口減少に歯止めをかける方法

市民の生活レベルから見たデトロイトの深刻な都市問題は、治安であり、教育であり、健康であり、雇用である。戦略フレームワークは、現状分析の章において、ある調査に対する回答者の約3分の1が5年以内にデトロイトを離れるであろうことを指摘している。その最大の原因は治安の悪さである。デトロイトの児童の約3分の1は喘息に苦しんでおり、この値はアメリカ全土の平均の3倍にも及ぶ。市民の3人に2人は肥満の問題を抱えている。この10年で市民の貧困率は増加し、全世帯の36％が貧困状態にある。

こうした問題に対するコミュニティからの要望は、より多くの警察の配置や土壌汚染の迅速な解決、職業訓練といったものが一般的である。市民は、もはやデトロイトが長い時間を要するような都市政策に耐えるだけの地力を備えているとは考えていない。今すぐに起こせる変化が求められている。

デトロイトの人口は現在の約71万人から2030年には約61万人にまで減少すると予測されている。そして、この数値は単なる人口数の減少のみを示唆しているのではない。人口構成も変化を余儀なくされる。現在の人口のうち6％が母子家庭である。高齢化率は現在の11％から20年後には17％に上昇する。デトロイト市内に居住する世帯は平均2.8万ドルの年収（全米の都市圏レベルの平均は4.8万ドル）にとどまって

6. アメリカ／デトロイト：エリア再生というスタートアップ

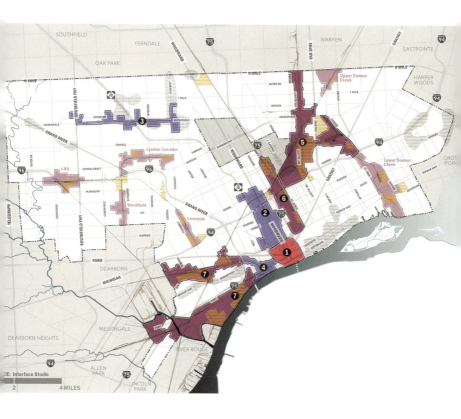

DETROIT EMPLOYMENT DISTRICTS

NON-INDUSTRIAL
1. Downtown Core
2. Midtown
3. McNichols Corridor
4. Corktown
   Existing Retail Corridor

INDUSTRIAL
5. Mt. Elliott
6. Dequindre-Eastern Market
7. Southwest
   Secondary Employment Center Hold Areas
   Growth Potential Areas

戦略フレームワークで掲げる重点雇用育成地区

175

おり、世帯の3分の1はそれよりもさらに少ない収入状況にある。戦略フレームワークはこうした状況を踏まえ、雇用の増大を軸とする経済成長策を盛り込んでいる。

特に重点的に育成する分野として、①工業（加工業・製造業・流通・食品等）、②地域における起業（特にB2B（企業間取引）の育成）、③教育および医療（製薬や研究業務等）、④デジタル産業（デザイン・広告等の創造産業。特にミッドタウンにおいて、こうした産業を集積させる「クリエイティブ・コリドー」を構想している）が掲げられている。その上で、市内の合計7地区を「重点雇用育成地区（Employment Districts）」に指定し、局所的ではなく広域的に雇用成長の政策が反映されるようにしている。

⑦ 分け隔てのない（Equitable）都市へ

デトロイトの市域の3分の1にも達する広大な土地を蝕んできた空き家や空き地は、現在、市場性を失っている。人口の減少率の深刻度もさることながら、住宅地がかなりの空き地を含みながら郊外にまでのっぺりと広がり、都市の空間密度がかなり「粗」である。「文化」や「アート」を旗印とする既存の創造都市的アプローチでは、おそらく実感を伴った空間再生はないのではないか。「農業」に大きな注目が集まっているのは、そうした文脈によるところも大きい。

現在のデトロイトの風景は20世紀都市政策の極端な結末かもしれないが、それを他都市にはない絶好の資源として捉え直す活動が行政

主導ではなく起業家精神に溢れた民間の動きとして顕在化していると
ころに、デトロイトの光明を見る。

　土地の再生にはその土地の記憶を継承するアプローチが不可欠だ
が、欧州諸都市とは異なり土地の記憶が希薄であることをその本質と
するアメリカ諸都市、特にデトロイトのような自動車産業都市におい
て、その糸口をどのように探り出せばよいのか。縮退せざるをえない
土地の記憶は、縮退都市政策の中でどのように考えていけばよいのか。
デトロイトの現状とさまざまな取り組みは、こうした論点を地域・都
市に関わる私たちに提示している。

本稿は、阿部大輔「アウトリーチ活動がデトロイトの風景を治癒する」『地域開発』Vol.569、2012年に加筆修正し、
転載したものである。

*1　高梨遼太郎・黒瀬武史「デトロイト　積極的な非都市化を進める」『都市経営時代のアーバンデザイン』
　　学芸出版社、2017年
*2　John Gallagher, Reimaging Detroit. Opportunities for Redefining an American City, Detroit:
　　Wayne State University Press, 2010
*3　Crain's Detroit Business

【参考文献】
・Brent D. Ryan, "People Want These Houses: The Suburbanization of Detroit", Design After Decline:
　How America Rebuilds Shrinking Cities, University of Pennsylvania Press, 2012
・Detroit Works Project, Detroit Future City. Detroit Strategic Framework Plan, 2012
・John Gallagher, Revolution Detroit: Strategies for Urban Reinvention, Wayne State University Press, 2013
・John Gallagher, Reimaging Detroit. Opportunities for Redefining an American City, Detroit:
　Wayne State University Press, 2010
・阿部大輔「アウトリーチ活動がデトロイトの風景を治癒する」『地域開発』Vol.569、2012年
・阿部大輔「自動車都市から水と緑の環境都市へ：縮小に向けた戦略的プランニングの試み」『地域開発』
　Vol.586、2013年
・高梨遼太郎・黒瀬武史「デトロイト　積極的な非都市化を進める」『都市経営時代のアーバンデザイン』学芸
　出版社、2017年

7

イギリス／
リバプール＆グラスゴー：
コミュニティ・アーキテクチャー

－アッセンブルとタクタルによる参加のデザイン

漆原 弘

うるしばら・ひろし｜英国ハンプシャー州建築課シニア・アーキテクト。一級建築士、英国政府認定建築家、王立英国建築家協会会員。1965年生まれ。早稲田大学大学院建築学科を卒業後、SKM設計計画事務所／近代建築研究所勤務。1995年より英国ヨーク大学博士課程に留学。建築学博士。その後、アイルランド、英国内の設計事務所に勤務、2016年より現職。建築設計の傍ら、研究活動を続けている。著書に『リノベーションの新潮流』『世界の地方創生』（以上共著、学芸出版社）。

① コミュニティと地域を 再生する建築家たち

　2015年、アッセンブル（Assemble）という若い建築家とアーティストのグループが、イギリスの現代美術の登竜門とされるターナー賞を受賞したことは社会に大きな衝撃を与えた。受賞の対象となったのは、「グランビー・フォー・ストリート（Granby Four Streets）」と呼ばれるリバプールの荒廃した地域に、彼らが地元コミュニティと共に地域再生のために設計した住宅であった。果たしてこれがアートなのか、そして、今後のイギリスの現代美術にとって、この受賞はどのような意味を持つのか。建築やアートといった枠を超え大きな話題となった。

　しかし、実際に受賞の対象となった住宅を検証すると、そこにはイギリスの地方都市のコミュニティと地域の荒廃と再生、そしてそこでの建築家の役割など多くの課題を含んでいることに気がつく。

　こうしたコミュニティと共に活動する若い建築家やアーティストはアッセンブルにとどまらない。グラスゴーで活動するタクタル（Taktal）というグループも、コミュニティと共に荒廃した地域を再生する活動で知られている。

　スコットランドの経済の中心であるグラスゴーは、産業革命の中心地の一つとして繁栄し、多くの工場や倉庫が建設された。都心部のこうした建物は、現在は事務所や住宅などにリノベーションされ活用されているが、地域によっては使われず放置されたままとなっている建物も多く、このような産業遺産の有効利用が大きな課題となっている。タクタルはこうした使われなくなった工場や倉庫を、地元のコミュニティと共に再生し、それを地域の再生へとつなげようと活動している。

　ただ、建築や都市をコミュニティと共にデザインする手法は、決し

て新しいものではない。1960〜70年代、イギリス北西部の都市ニューキャッスルの住宅地の再開発において、建築家ラルフ・アースキンは、地元住民との対話を通じて新しい住宅団地をデザインした。1969年に建設が開始されたバイカー・ウォール住宅団地は、完成までに13年の歳月を要し、イギリスにおけるコミュニティ・アーキテクチャーの代表作として知られている。

　現在注目されるこうした建築家やアーティストのグループによる活動は、かつてのコミュニティ・アーキテクチャーと何が違うのだろうか？　そして、彼らの活動が地域再生にとってどのような意味があるのだろうか？そこで本章では、リバプールにおけるアッセンブルの活動と、グラスゴーにおけるタクタルの活動を通してその手法を検証し、地域再生におけるコミュニティ・アーキテクチャーの新たな可能性について探っていく。

② アッセンブル
リバプールのグランビー・フォー・ストリートの開発

【Liverpool】ロンドンの北西300kmにある港湾都市。人口47万人。17世紀以降、繊維製品の輸出や造船業で栄えたが、第二次大戦後、基幹産業の斜陽化とともに衰退。1980年代にはイギリス国内で最高の失業率を記録し、人口は最盛期の半分程度に落ち込んだ。90年代以降、港湾地区や中心市街地の再開発が進み、文化産業、観光産業への転換が図られ、経済も復調傾向にある。

イギリスで最も衰退した都市リバプール

　ビートルズの生まれた町、そしてサッカーのリバプール・フットボール・クラブの本拠地としても知られているリバプールは、マンチェス

ターと共にイギリス北部を代表する都市である。人口は47万人、ロンドンから電車で2時間半、そして産業革命の中心であったマンチェスターから西へ50kmの位置にあるリバプールは、大英帝国を支える貿易港として19世紀に著しい発展をとげた。しかし、20世紀に入ると産業構造の変化などからリバプールの重要性は薄れ、第二次大戦後はイギリスの他の都市に比べ、経済的に著しく衰退していく。

　しかし、2000年以降、中央政府による市街地再開発プログラムや、2008年にEUが主催する「ヨーロピアン・キャピタル・オブ・カルチャー」(*1)と呼ばれるイベントの開催地となるなどして、近年、中心市街地の再開発が進み、地域の経済も回復してきている。

　一方、リバプール市の周縁にある衰退した住宅地は、こうした恩恵を受けることも少なく、これらの地域の再開発はリバプール市にとって大きな課題となっていた (*2)。リバプール市の南部、市街地に隣接するトクステスと呼ばれるエリアもこうした衰退した地域の一つである。そして、その中心となるのが、トクステスの東部、労働者のための2階建ての長屋が並ぶ住宅地の中心を走るグランビー・ストリートであった。20世紀の初期、数百メートルに及ぶグランビー・ストリートには、地元住民のための商店やパブなどが並び、リバプール南部の商業の中心地として賑わった。

コミュニティ・ランド・トラストの設立

　1970年代、リバプールの経済的な衰退により、グランビー・ストリートを中心としたエリアでの失業率や犯罪率が著しく上昇した。1981年にはグランビー・ストリートで暴動が起こり、地域の社会不安はますます高まり、人口流出により地域の衰退がさらに進んだ。その後も、こうした状況は大きく変わることはなかったが、2002年に中央政府に

上：リバプールの中心街／下：アルバート・ドック。リバプール中心部にあるかつての造船所を再開発したエリア。博物館や美術館、レストランや店舗、住宅などが混在する複合開発

よって始められたパスファインダー・プログラム（正式には Market Renewal Pathfinder Programme）と呼ばれる都市部の荒廃した住宅地の再生プログラムにより、街は大きく変化する。

　このプログラムの特徴は、イギリスの都市政策では珍しく、現存する住宅の取り壊しと再開発とをセットにしていることである。一般に、イギリスの都市計画では、現状の住環境を維持、あるいは改良することに主眼が置かれており、街並みや景観を形成する建物を取り壊すことには非常に消極的である。しかし、このプログラムでは、こうした荒廃地域にある住宅を、その地域に適さない住宅であると見なし、政府が住民や地主からこれらの住宅を買い取り、更地として再開発することで、地域の復興につなげることが目指された。実際に発表されてから、都市計画家や建築家の間で大きな論争を巻き起こすことになるが、荒廃した地域を持つ地方自治体から多くの支持を得て、プログラムは実行された[*3]。

　グランビー・ストリートを中心としたエリアでも、市による住宅の買い上げ、取り壊しが北側から始まった。しかし、この南側のエリアに住む住民は取り壊しに反対してキャンペーン・グループを結成し、反対運動を起こす。反対運動が続く間も住宅の買い上げと取り壊しは続き、いよいよ建物が取り壊されずに残されている通りが、グランビー・ストリートの南端で、グランビー・ストリートと直角に走る4本の通りのみとなった時、この残された通りに住む住民たちは非営利組織である「コミュニティ・ランド・トラスト」[*4]を結成して、土地を共有し、自分たちでこのエリアの開発に乗り出した。この組織は、グランビー・ストリートと残された4本の通りから「グランビー・フォー・ストリート・コミュニティ・ランド・トラスト」（以下、CLT）と名づけられた。

　このエリアでも、パスファインダー・プログラムによってすでに

7.イギリス/リバプール&グラスゴー：コミュニティ・アーキテクチャー

多くの住宅が市に買われ、長年にわたり空き家となっていたのだが、CLTはそのうちの10軒の住宅をアフォーダブル住宅(*5)として開発するという条件で市から譲り受け、社会的投資家であるロニー・ヒュー氏の資金援助のもと開発を進めることとなる。そして、その住宅のデザインをすることになったのが、ロンドンに拠点を置き、コミュニティと共にデザインする手法で知られていた若い建築家とアーティストの集団、アッセンブルであった。

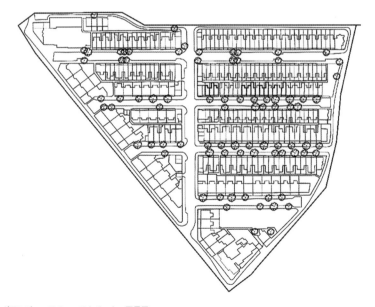

グランビー・フォー・ストリート、配置図

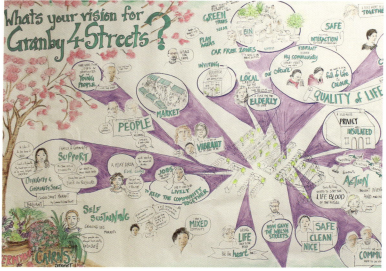

上：グランビー・ストリートの南端から見たグランビー・フォー・ストリート／下：CLTの事務所に掲げられたグランビー・フォー・ストリートの住民による開発の目標を示すポスター

7. イギリス／リバプール＆グラスゴー：コミュニティ・アーキテクチャー

アッセンブルのメンバー

アフォーダブル住宅のデザイン

　2010年、ケンブリッジ大学を卒業したばかりの18人の若者たち(*6)が、ロンドンにある使われていないガソリンスタンドを期間限定の映画館につくり替えるプロジェクトのために集まったのが、アッセンブルの始まりである。「シネロリアム（The Cineroleum）」(*7)と名づけられた期間限定の映画館は、使われていない施設を再利用し、都市を活性化する試みであり、また、若者たちがいかに自分たちの手で直接的に都市と関わりあえるかの挑戦であった。シネロリアムの終了後も、彼らは高速道路の高架下に仮設の劇場をつくるなどユニークな活動を続け、その活動はターナー賞の受賞前から建築やアートシーンでは注目されていた。

　また、彼らの特徴は、その手法にも表れている。まず組織運営では、代表者を置かず、すべての物事をメンバーの合議制で決めている。さらに、既存の方法論にとらわれず、常に地元のコミュニティとの直接的なコミュニケーションを重視し、対話の中から民主的に生まれてくる結論を建築的な形に変えていく。そのために、地元のコミュニティと共同でワークショップやイベントを開催したり、実際に建物を地元コミュニティと共同で建設したりと、建築のプロセスにコミュニティが直接的に参加するようなしくみを構築していく。

　グランビー・フォー・ストリートにおいても、アッセンブルは同様のアプローチをとる。彼らはまず、住民との対話を通して、ここにどのような街をつくり、そのためにどのような手法をとればよいのか、そしてどのように既存資源を生かしていけるのかを考え、デザインしていく。

　グランビー・フォー・ストリートでアッセンブルによってデザインされた住宅の多くは、長年にわたり空き家になっており、多くの家は

そのままでは人が住めるような状態ではなかった。なかには構造的な問題を抱える住宅もあり、さらに、パスファインダー・プログラムによって市に買い取られた段階で、家の中にあるマントルピースなど、価値のあるものはすべて取り外されてしまい、建物は壊す以外にまったく価値のないものと考えられていた。

　しかし、アッセンブルは価値がないと思われていた住宅に価値を見いだし、建物をできる限り保存し、再生することを提案した。

　さらに、リノベーションする際に出る煉瓦や石の瓦礫をコンクリートで固め直して磨き上げてつくったマントルピースやキッチンのカウンター、アッセンブルのメンバーがアーティストと共に制作した家具の取っ手や換気口のグリル、既製品の白いタイルにコラージュを施し焼き直したカラフルなタイルなどの建築部材が、今回開発されたすべてのアフォーダブル住宅で使われた。

　こうして始められた建築部材の制作は、現在、地元のビジネスとしてさらなる広がりを見せている。アッセンブルは「グランビー・ワークショップ」と名づけられた会社をグランビー・ストリートに設立し、こうした建築部材の制作に加え、食器やテキスタイル、ランプシェードなどを制作し販売している。

　アッセンブルのメンバーで、ワークショップの運営に直接関わるルイス・ジョーンズ氏によれば、ターナー賞の受賞後、注文が増え、プロダクトの制作が追いつかないそうだ。ジョーンズ氏はロンドンからリバプールに居を移し、ワークショップの運営が彼の仕事の中心となっている。このグランビー・ワークショップの事務所にはCLTが開発した住宅に住む2名の若いスタッフが働いている。グランビー・ワークショップは、社会的企業（*8）として活動することを目的としており、地元のコミュニティの発展に貢献し、住民に技術の習得と雇用の機会を与えることがその理念の一つである。このようにアッセンブルは、

上：グランビー・フォー・ストリートには現在でも窓が塞がれた空き家が並ぶ／下：アッセンブルによってデザインされたアフォーダブル住宅

7. イギリス／リバプール＆グラスゴー：コミュニティ・アーキテクチャー

左上：アフォーダブル住宅のリビングルームからキッチンを眺める／右上：コラージュが施された白いタイルを使った風呂場と洗面所／左下：煉瓦や石の瓦礫を固め直し磨き上げてつくられたマントルピース／右下：現場でつくられた家具の取っ手。どれも形、風合いが微妙に異なる

住宅のデザインを超え、地元のコミュニティと共に活動を継続している。

地域経済に貢献する創造的な開発

グランビー・フォー・ストリートでは、現在、アッセンブルによる別のプロジェクトが進行している。ケアンズ・ストリートの長屋のほぼ中央に位置する隣り合った2軒の住宅のリノベーションである。

長年空き家だった住宅の状態は非常に悪く、特に2階の木造の床は構造的にも問題があり、取り壊して新しい床を建設する必要があった。CLTがこの2軒の住宅の開発を検討した際、アッセンブルは、1軒はギャラリー兼アーティストの住宅、そしてもう1軒は2階の床を取り壊さないといけないということを逆手に取って、中身をすべて取り払い、ガラスの屋根を持つウインターガーデン（温室）にすることを提案した。価値がないと思われていた建物の可能性を予想もつかない形で最大限に引きだすアッセンブルらしい提案である。

ウインターガーデンというのも、地元のコミュニティとの長年にわたる関係の中でアッセンブルが導きだした提案だった。CLTが結成される以前、人口が流出して街が荒廃した時期に、残された住民たちは自分たちで通りの清掃を行い、通りに花壇をつくり、ベンチを置き、自分たちで街の整備を始めた。そして現在でも、通りの花壇を共同で管理し、住民同士がコミュニケーションを維持する重要な手段になっているのである。つまり、冬でも共同でガーデニングが楽しめるウインターガーデンは、コミュニティにとって非常に意味のある施設なのだ。

このプロジェクトは、中央政府の外郭団体であり、芸術活動を支援するアート・カウンシルの補助金が得られ、現在建設が進められてい

7. イギリス／リバプール＆グラスゴー：コミュニティ・アーキテクチャー

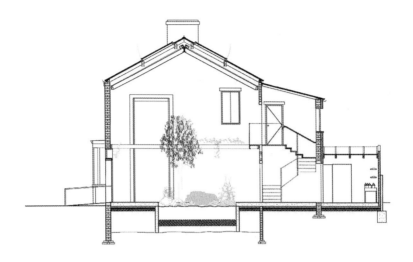

ウインターガーデン、断面図

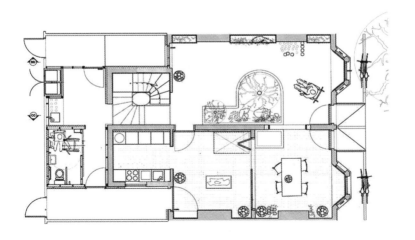

ウインターガーデン、平面図

193

左上：グランビー・ワークショップ。1階はCLTの事務所、2階はワークショップの作業所／右上：取っ手を焼くバーベキュー用の釜／右中：陶器を焼く窯／下：グランビー・ワークショップの様子（以前の事務所）。左端がアッセンブルのルイス・ジョーンズ氏

194

7. イギリス／リバプール＆グラスゴー：コミュニティ・アーキテクチャー

上：ウインターガーデンの模型／下：毎週土曜日に開催されるマーケット

る。また、ターナー賞を受賞した10軒のアフォーダブル住宅の開発も、個人の社会的投資家からの資金援助をもとに実現された。このように、CLTの活動が行政の補助金に頼っていないことは注目すべき点であろう。実際、中央政府や地方自治体から補助金を得て開発される住宅は補助金の規定する基準に基づいて設計・建設することが義務づけられ、デザインの自由度は大きく制限される。しかし、グランビー・フォー・ストリートでは、行政の補助金の基準に縛られず、逆に、コストを抑えつつデザインの自由度を高めることに成功している。このことは、創造的な開発を持続的に進めるうえで非常に重要なポイントであろう。

　そして、もう一つ重要なことは、CLTがこのプロジェクトを一つのビジネスとして育てることを意図して計画していることであろう。アーティストにこのエリアに住んでもらい、街の活性化に貢献してもらうだけでなく、一般の人にも貸し出し賃貸収入を見込むなど、長期的なビジネスとして成長させることも目指している。

　同様に、CLTは毎週土曜日にこのエリアでマーケットを開催し、住民の交流を深めるとともに、マーケットを通して地域のビジネスを振興している。住宅の開発だけでなく、こうした地域経済を振興する活動も積極的に行い、地域が持続的に発展していく道を探っていることは注目すべきであろう。CLTが結成された2011年には、このエリアの住民は30世帯（40人）ほどであったが、現在は3倍以上に増えており、CLTの活動が着実に実を結んでいる。

7. イギリス／リバプール＆グラスゴー：コミュニティ・アーキテクチャー

 ## タクタル
グラスゴーの運河エリアの開発

【Glasgow】スコットランド南西部に位置する河港都市。人口60万人。スコットランド最大の都市であり、イギリス4番目の都市。産業革命以後、造船業や鉄鋼業で繁栄したが、第二次大戦後、産業衰退に苦しみ、1970〜80年代には人口が著しく減少する。80年代以降、文化産業や金融業に力を入れ、製造業の拠点だった歴史的建造物を活かした再開発により、ポスト産業都市への転換が図られた。

産業革命の中心都市グラスゴーの衰退

イングランド、北アイルランド、そしてウェールズとともにイギリスを構成するスコットランドは、イギリス北部に位置し、人口は530万人、面積は約7.8万km²と、人口、面積ともに北海道とほぼ同じ規模である。街全体が世界遺産となっている首都エジンバラ（人口50万人）が政治の中心であるのに対し、グラスゴー（人口60万人）はスコットランド最大の都市であり、経済の中心である。

グラスゴーはイギリスにおける産業革命の中心地の一つであった。碁盤目状に道路が走る街の中心には、今も当時建てられた豪華な建物が立ち並び、その様子はかつての繁栄を思い起こさせる。また、この街は建築家チャールズ・レニー・マッキントッシュが設計したグラスゴー美術学校があることでも知られるが、現在も多くのアートギャラリーがあり、多彩なアーティストの活躍も目覚ましいアートの街としても知られている(*9)。

グラスゴーの北西部、市街地に隣接する運河エリアは、19世紀につくられた運河を中心に、同時期に建てられた煉瓦造の倉庫や工場が並ぶ製造業の拠点ともいえる場所であった。しかし20世紀に入ると、これらの倉庫や工場の多くが使われなくなり、運河エリアは徐々に衰退

上：グラスゴーの運河エリア／下：タクタルのメンバー

上:ウイスキー・ボンド。かつての倉庫の外観を保持したままリノベーションされている/下:ウイスキー・ボンド、コワーキングスペース

するようになる。

　1960年代に運河エリアと市街地の間に高架式の高速道路が建設され、これにより、スコットランド南部に向かう高速道路と、グラスゴーの北に位置するスターリング、東のエジンバラへとつながる高速道路が結ばれることとなる。グラスゴーの市街地に直結する高速道路の建設は、交通の利便性を格段に高めた一方で、市街地と運河エリアを遮断することとなり、結果として、市の中心に隣接していながら、現在でも、この運河エリアの開発はあまり進んでいない。この地域の活性化はグラスゴー市にとって長年の課題であったが、近年、市は運河の周辺や運河に沿った遊歩道を整備し、地域の開発計画を策定するなど、積極的に活性化を進めている。この運河エリアを盛り上げる活動で一躍注目を集めているのがタクタルである。

クリエイティブビジネスの拠点、ウイスキー・ボンド

　タクタル（*10）は、グラスゴー美術学校の建築学科を卒業したロブ・モリソンとロンドン大学の建築学科を卒業したブライアン・マッケンによって2013年に設立される。その活動の特徴は、実際の設計や創作よりも、プロデュースやマネジメントを通した地域や建物の開発に力を入れていることであろう。その代表的な例は、「ウイスキー・ボンド」での活動である。運河や河川沿いの不動産の開発を専門とするデベロッパーであるウォーターサイド・プレイスズは、この運河エリアで長年使われず放置されていた7階建て、総床面積が9,000㎡に及ぶ倉庫を、地元のアーティストのスタジオや小規模ビジネスのオフィスが集まる新しいクリエイティブビジネスの拠点として開発することを計画した。

　こうした開発においては、アーティストやクリエイティブビジネスをする人たちを引きつけられる場所にするためのプロデュースとマネ

ジメントが非常に重要である。2014年の建物の完成後、ウォーターサイド・プレイズズはその役割をタクタルに依頼した。タクタルは建物のマーケティングや賃貸のコーディネーションを行うと同時に、さまざまなイベントやワークショップを企画・開催した。現在、ウイスキー・ボンドはグラスゴーにおけるクリエイティブビジネスの拠点としての地位を確立し、多くのクリエイターが集まる場所となっている。

　さらに、タクタルは、同じ運河エリアにあるかつての倉庫を改装した「グルー・ファクトリー」というアート・スペースの企画や、そこでの新しいビジネスモデルの開発など、運河エリアでのさまざまなプロジェクトに関わってきた。こうした経験を生かし、2017年、タクタルは自分たちで空き家となっていた倉庫を運河エリアに購入し、そこを、地元の住民やアーティストたちと共に再開発するプロジェクトを始めた。それが「シビック・ハウス」である。

多様な人が開発に関わるシビック・ハウス

　グラスゴー美術学校から北東に10分ほど歩くと、東西に走る高速道路の高架に突きあたる。この高架の下を通り過ぎると運河が見え、その周りが倉庫や工場が並ぶ運河エリアだ。運河沿いには遊歩道が整備され、その周りには19世紀に建てられた倉庫を改装した事務所や住宅、ウイスキー・ボンド、グルー・ファクトリーのようなクリエイティブビジネスの拠点やアート・スペースなどさまざまな施設が増えつつあるが、現在でも使われていない建物や空き地が点在し、活気があるとはいいがたい雰囲気である。

　この高速道路から歩いて数分、運河エリアの始まりともいえる場所にシビック・ハウスは建っている。19世紀後半に建てられたと思われる建物は、かつて、このエリアに多くあった2階建ての倉庫兼事務所

上：シビック・ハウス／下：シビック・ハウス内のタクタルの事務所

7. イギリス／リバプール＆グラスゴー：コミュニティ・アーキテクチャー

上：住民たちとのワークショップ／下：子どもたちとワークショップでつくった木造のフォリー（工作物）

203

の一つである。2016年まで、この建物はスコットランド国立劇場のスタジオとして使われていたが、2017年に国立劇場がウイスキー・ボンドの隣に完成した最新の設備を備えたスタジオに移ると、シビック・ハウスは借り手のいない状態となる。

タクタルは、シビック・ハウスをグラスゴーにおけるアーティストや新しいビジネスのスタートアップの拠点として開発すると同時に、この運河エリアの玄関口ともいえる場所に建つシビック・ハウスとその近隣エリアを活性化のシンボルとなるような場所にする計画をたて、市と協議した。この地域の再開発を進めたい市は、タクタルの計画に賛同し、タクタルは市の資金援助を得てシビック・ハウスを購入し、開発を開始した。

現在、シビック・ハウスは内部の仕上げや天井などが取り払われ、外壁材や断熱材、鉄骨の構造がむきだしとなっている状態である。タクタルもここに自分たちの事務所を移し活動している。煉瓦や屋根の構造がむきだしの事務所内には、必要最小限のキャビネットや本棚が置かれ、中央にある大きなテーブルに図面や書類が広がっている様子は、まるで工事現場のようである。

1階のスタジオには移動式の家具や簡易なキッチンが備え付けられ、いくつかテーブルが置かれてイベントやワークショップを開催したり、打ち合わせを行えるようになっている。しかし、2階のほとんどのエリアは間仕切り壁が取り払われ、大きなスタジオとなっているが、まだとても使えるような状態ではない。

タクタルは、シビック・ハウスをウイスキー・ボンドと同様に、アーティストやクリエイティブビジネスのためのスタジオやオフィスが集まる建物にし、この開発を地域全体の再開発へとつなげていくことを目指している。そのために、近隣に住む住民やこの開発に関心のある一般の人々、さらにはイギリス国内や海外のアーティストや建築家を

呼んで、共同でワークショップを開き、このエリアにどのような可能性があるのか、建物をどのように開発すべきかをさまざまな視点から議論している。

2017年6月には1週間にわたるワークショップを開催し、現代的な照明デザインで注目を集めるジェーソン・ブリュージュ・スタジオやアッセンブルも参加して議論が交わされた。こうした建物の開発においては、まず地方自治体が地域の開発計画を策定し、それに基づいて建物を開発し、そのプロセスで住民やコミュニティと協議するというのが、一般的である。しかしタクタルの手法は、こうした既存のプロセスにとらわれず、まず地元のコミュニティやユーザーの視点からプロジェクトが出発する。

タクタルの代表であるロブ・モリソン氏によれば、シビック・ハウスの開発では、こうした開発プロセスに多くの人が関わることと、その過程で、この建物とエリアの可能性を人々が発見し、ここだけではなく、他の地域でも応用できるような手法を開発することを目的としているとのことだ。

そして、もう一つ興味深いのは、実際の建設手法である。自分たちでできる限りの工事はするそうだが、1階の入口を入って左側には木工や金工のワークショップ（工房）があり、そこには電動ドリルや電動ノコギリなどが設置されている。ここで、建物の建設に必要となる扉などの建具や金物、家具、窓などを制作することを目指しているのである。

モリソン氏に通常のデベロッパーによる開発とシビック・ハウスにおける開発の違いを尋ねると、通常の開発では、デベロッパーが最大限の利益をあげることが目的とされるが、ここでの開発は、地域やコミュニティの再生を目的としているとのことであった。つまり、結果として完成した建物のデザインよりも、そのためのプロセス、そしてそこから生まれてくるものこそが重要であり、そうしたプロセスさえ

照明デザイナー、ジェーソン・ブリュージュを招いた、照明と公共空間をテーマにしたワークショップ

もデザインの一部として考えているようだ。現在、グラスゴー美術学校の建築学部と、学生がこうしたワークショップや建設に参加することを単位化する話が進んでおり、シビック・ハウスを、再開発の手法を現場で学べる場にしたいとのことだ。既存の建築家の役割から一歩踏み出す彼らの活動が、建築教育の現場にも影響を与えている状況は、今後、イギリスの建築家の役割を変えるかもしれない。

④ コミュニティ・アーキテクチャーの新たな可能性

　ターナー賞の審査員であるアリスター・ハドソンはターナー賞におけるアートの意味について次のように述べている。
　「我々は、アートやデザイン、建築が、隔絶した分野ではなく、より社会的な活動であることに意味を感じています。」[*11]
　アッセンブルとタクタル、その両者に共通するのは、クライアントのために建物を設計するという建築家の活動を、建物をデザインすることを通したコミュニティや地域の再生といった社会的な活動へと変化させ、そのためのしくみを構築していることであり、そうしたしくみのデザインさえも、建築のデザインの一部として考えていることであろう。
　そして注目すべきは、既存の建築家の活動やシステムといった枠にとらわれず、地元のコミュニティや建物の利用者と直接的なコミュニケーションをとる姿勢であり、開発のためのプロセスを重視する手法である。当然、そこでは建物の竣工がプロジェクトの終了とはならない。

ワークショップやボランティアなど建物の開発のために始めたしくみが続く限り、そのプロジェクトに終わりはない。アッセンブルのウェブページを見ると、建物が竣工したプロジェクトの多くが現在も「継続中」となっているのも納得できる。

　現在、こうした若い建築家やアーティストたちによる活動は、イギリスにとどまらず、ヨーロッパやアメリカにおいても見られる。それらは、コミュニティ・アーキテクチャーという、地域再生の新しい可能性を示している。

*1　EUによって毎年開催される文化イベント。EU内の都市が毎年選定され、通年でさまざまな文化イベントが開催される。開催都市は文化的、社会的、経済的利益を享受するが、同時に、これを機に都心部のインフラなどの整備が進められるなど、都市の再開発を進める手段としても知られている。

*2　イギリス中央政府の統計局は、5年ごとにイギリス国内の荒廃／貧困地域（Deprived Area）に関する統計をまとめたレポート（The English Indices of Deprivation）を発表している。2010年のレポートでは、リバプールがイギリスで最も荒廃したエリアの多い都市であったが、2015年のリポートでは第4位まで順位を下げた。上位に挙がっている都市は、リバプールの他にマンチェスター、ハル、ブラックプールなど、いずれもイギリス北部の都市である。

*3　住環境の悪化により資産価値の低下した地域に不動産を持つ家主にとっては、税金や維持費がかかるだけで、資産というよりは負債となっている住宅を地方自治体に買い上げてもらえるこのプログラムはメリットが高い。一方、ここに住宅を所有し、実際に住んでいる住民にとっては、資産価値の低い家を市場価格をもとにした価格で買い取られたとしても、その買取価格では、近隣で同等の住宅を購入することはできず、最悪、行き場がなくなることにもなりかねない。こうした人々にとっては、このプログラムのメリットがあるとはいえない。

*4　コミュニティ・ランド・トラストは1970年代にアメリカで始まり、現在では世界中で広く行われている。イギリスでは住宅問題の解決策の一つとして注目されている。

*5　アフォーダブル（affordable）とは、手頃な、あるいは手の届くという意味。アフォーダブル住宅とは、平均的な所得の労働者でも購入または借りることができるよう、販売価格または賃貸価格を意図的に抑えた住宅のこと。今回の開発では半分を賃貸住宅に、半分を分譲住宅としている。賃貸価格、分譲価格はリバプールで働く人の平均的な所得をもとに決められる。

*6　メンバーの多くは建築学科の卒業生であるが、なかには哲学や社会学、さらには文学部の卒業生もいた。

*7　映画を意味するCinemaと石油を意味するPetroleumの合成語。

*8　Social Enterprise。社会的な目的のために活動する企業。営利を追求することではなく、社会問題を解決する手段を提供することを目的とした企業のこと。

*9　グラスゴーのアートシーンと産業界の結びつきは古く、19世紀にまで遡る。詳細は、『世界の地方創生』（松永安光・徳田光弘編、学芸出版社、2017年）を参照してほしい。

*10　Taktalという名前はTangible（触ってわかる）あるいはTactile（触知性）という言葉からきており、理念的ではなく、実際に人の感覚に訴えるような空間の創造を目指すことに由来する。

*11　アッセンブルのターナー賞に関するインタビューに答えて（RIBA Journal, May 2015）。

8

チリ：
建築家の社会構築的アプローチ

－エレメンタルのソーシャルハウジング

山道拓人

さんどう・たくと｜株式会社ツバメアーキテクツ代表取締役。1986年生まれ。東京工業大学工学部建築学科卒業。同大学院修士課程修了。2011年～同大学院博士課程に在籍。2012年 Alejandro Aravena Architects/ELEMENTAL（チリ）勤務。2012～13年ツクルバのチーフアーキテクト。2013年ツバメアーキテクツ設立。

① 地球の裏側のパラレルな世界

　南米チリは、東京から見て地球のほぼ裏側に位置する。日本からチリへの直行便はなく、乗り継ぎをする必要があり、片道30時間、2日くらいかかる。国土は東西150kmに対し南北4,600kmという、異常に細長い外形をしている。北には砂漠、南には氷河、西には太平洋、東には高さ6,000mを超えるアンデスの山々がそびえ、まさに世界のすべての環境を持ち、周囲から孤立した島国状態にある。

　気候分布図を見ると、日本よりも地域によって気候の変化が激しいことがわかる。自然環境の変化だけでなく、都市部からスラムまで地域経済の格差も大きく、各地域の課題もさまざまだ。

　また、チリは地震や津波などの自然災害のリスクも抱えている。さまざまな外的条件を受け入れなければ生きていけない効率の悪い風土が、忍耐強い国民性と多様な建築を生み出してきた。チリで大地震が発生すると23時間で津波が日本に到達する。逆も然り。地球の裏側に日本と兄弟のようなパラレルな世界が存在している。

　さらに、政治体制の変化も興味深い。1970年に誕生したサルバドール・アジェンデを大統領とする社会主義政権は、1973年にアウグスト・ピノチェト将軍らによるクーデターにより軍事政権にとって代わられ、1990年からは民主的な文民政権に移管するという激動の時代を送った。

　チリは現在、急速に発展を遂げており、南米の中では物価も一番高く、特に首都サンティアゴは、超高層建築が立ち並ぶ。数年前には、アルゼンチン出身の建築家シーザー・ペリが設計した300mと南米一の高さを誇るコスタネラセンタービルも完成した。ビル群の向こうの雲の上に、アンデスのエッジが立ちはだかる異様な風景を日常的に見ることができる。

8. チリ：建築家の社会構築的アプローチ

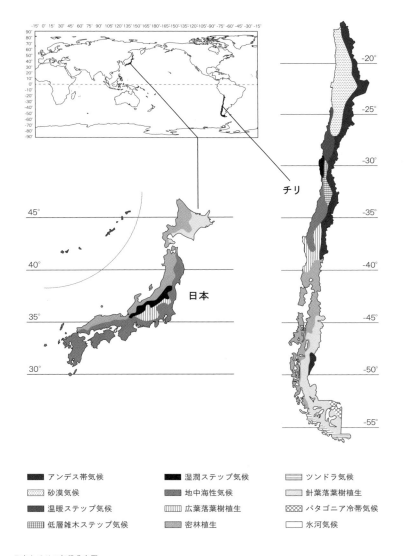

日本とチリの気候分布図

② エレメンタル
DO Tankを標榜する建築家

震災後、チリに向かった理由

　なぜ私はチリに惹かれ、エレメンタル（ELEMENTAL）の門戸を叩いたのか。

　2010年、チリでマグニチュード8.8の地震が起き、2011年に日本で東日本大震災が起きた。福島の原発事故後、日本の専門家たちは「想定外」だと言った。当時の私は建築家を目指す大学院生で、都市生活者の1人だったが、突然、設計に必ずつきまとう「想定」の外側に投げ出されてしまった。震災後、周りの友人たちもいわゆる「公共」や「政治」といったものに疑問を持ち始めた。

　その頃から、日本各地で行われる建築やまちづくりは、とにかく身の丈に合った更新可能なインフラを用意したいという価値観で覆われ始めた。「自治」や「自分ごと」という言葉もよく耳にするようになった。これが今のリノベーションまちづくりブーム、DIYブームにつながっているのは明白である。

　これからの日本の建築（あるいは私自身の人生）設計の根拠はどうなってしまうのだろうか？　2011年はそんなことを自問自答して過ごした。

　チリの建築家の実践にヒントがあるかもしれない。そう考えた私は、2012年からチリで活躍する建築家アレハンドロ・アラヴェナ（Alejandro Aravena）率いるエレメンタルへ行くことに決めた。

上：高層ビル群の向こうにそびえるアンデスの山並み／下：エレメンタルのメンバー。右から2人目がアレハンドロ・アラヴェナ

マイナーイシューに取り組む建築家

　チリにおける「建築家」は日本と異なり、明らかにハイクラスの職業である。手掛けるプロジェクトは豪邸や別荘がほとんどだ。しかし、現実の都市空間にはチリ特有の階級格差を象徴するように、都市周縁部には必ずスラムが発生する。こうしたスラムの環境を公的な資本で改善するのがソーシャルハウジングである。これまでずっと、ソーシャルハウジングは建築家が扱うべき「建築」ではなく、マイナーイシューだった。そこに目をつけたのがアレハンドロ・アラヴェナだった。

　アレハンドロ・アラヴェナは1967年チリ・サンティアゴ生まれの建築家。多くの建築家を輩出しているカトリカ大学を卒業後、1994年に自身の設計事務所アレハンドロ・アラヴェナ・アーキテクツを設立。2000〜2005年、ハーバード大学デザイン大学院（GSD）で客員教授を務めた。エレメンタルは、当初は建築家のアラヴェナとエンジニアのアンドレス・ヤコベッリが、ハーバード大学のアカデミック・イニシアティブという位置づけで2000年に始動した。2005年からはカトリカ大学や石油会社COPECが共同出資して法人化され、営利事業として社会的プロジェクトに取り組み、都市の問題を能動的に解決するための多様な職能が集まる「DO Tank」として活動を行っている。

　彼らが営利事業としてソーシャルハウジングを手掛けるようになったのは、ボランタリーな取り組みでは、ソーシャルハウジング自体のクオリティが上がらないし、そもそも活動を維持できないからだ。それまでのソーシャルハウジングの現場では、設計、施工、福祉、政治、どの分野においても革新的な専門家が不在だったのだ。

　では、実際に彼らはどのような提案をしたのか、その代表作を紹介しよう。

8. チリ：建築家の社会構築的アプローチ

③ クインタ・モンロイの ソーシャルハウジング
イニシャルコストの2倍の社会的インパクトを生む

【Iquique / Tarapacá】イキケ市はチリ北部タラパカ州の州都で、太平洋岸に面する港湾都市。人口22万人。スペイン領、ペルー領を経て1882年からチリ領。19世紀にアカタマ砂漠で産出する硝石産業で栄えた。20世紀に入り硝石産業が衰退すると、砂漠の工場街はゴーストタウンとなった。2005年に世界文化遺産に登録。現在の主産業は漁業とその加工業。

ソーシャルハウジングの問いを解く

　エレメンタルとしての処女作であり代表作とも言える「クインタ・モンロイの集合住宅」（2004年）は、チリ北部、砂漠の街イキケにある。この地に元々住んでいた100世帯もの住民は、これまでの30年間、劣悪な生活環境にもかかわらず、立地の良い5,000㎡の土地を不法に占拠し続けていた。

　エレメンタルは、この住民を一掃するのではなく、継続して住み続けてもらうためのソーシャルハウジングプロジェクトを2002年に開始。土地の購入からインフラの整備、100戸の住宅の建設にかけられる予算は獲得できた補助金の75万ドル。1住戸あたり7,500ドルの予算では30〜40㎡ほどにしかならなかった。これは1家族がまともに暮らせる半分の面積にすぎない。

　この困難な状況から、ソーシャルハウジングという問いを一から設定し直すなかで、二つの展開があった。

　一つ目は、空間的な展開。厳しい予算での建設を可能にするために、1戸あたりの面積を削れるところまで削り、郊外の安い土地に建てるというのがこれまでのソーシャルハウジングである。エレメンタルでは、

217

そうではなく、町の中心部に敷地を確保し、1戸あたりを30〜40㎡とするかわりに、それを1家族が十分に住める広さ（80㎡）の家の半分と解釈することにした。まず、構造躯体や水道・電気などのインフラ部分など、素人である住民が手出しできない部分を公的な予算で建設し、残り半分の増築を住民に委ねることにした。そもそも南米のスラムの住民はセルフビルドが得意なのだ。スラムの住民を無色透明の単なる支援対象者ではなく、スキルを持つつくり手として解釈したことがポイントである。

　二つ目は、時間的な展開。通常のソーシャルハウジングは自動車のように、買った瞬間からどんどん価値が目減りするような消費財である。つまり、公的な資本を支出し社会の重荷になるビルディングタイプと考えられていた。しかし、住民が手を加えることで、面積が倍になり、環境も整い、資産価値が向上するならば、公的な資本を用いた投資になる。イニシャルコストの2倍の社会的インパクトを生み出すわけだ。

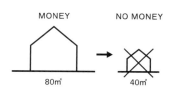 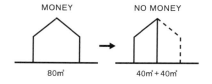

クインタ・モンロイの集合住宅、スキーム

クインタ・モンロイの集合住宅、拡張方法

上：クインタ・モンロイの集合住宅、竣工当時／下：クインタ・モンロイの集合住宅、竣工から8カ月後

PLANTA PISO 3
(PLANTA PISO 2_DUPLEX)

PLANTA PISO 2

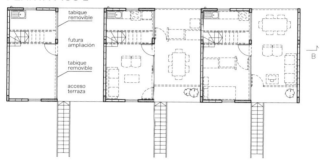

PLANTA PISO 1

クインタ・モンロイの集合住宅、平面図

8. チリ：建築家の社会構築的アプローチ

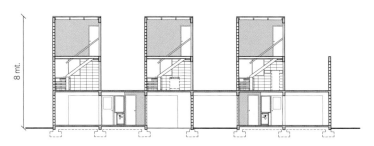

CORTE BB

クインタ・モンロイの集合住宅、断面図

クインタ・モンロイの集合住宅、配置図

上：クインタ・モンロイの集合住宅、竣工から8年後／下：クインタ・モンロイの集合住宅、内観

上：プダウエルの集合住宅／下：プダウエルの集合住宅の住民

ソーシャルハウジングの価値が向上する条件

　2012年5月、クインタ・モンロイの集合住宅が竣工して8年が経過した状況を実際に見に行った。竣工当時の写真と比べると、時間の経過とともに住民が建物を確実に自分たちのものにしている様子がわかる。砂漠という過酷な環境に建てられた無彩色で拡張の余白を持つ未完のコンクリート住居は、8年後、それぞれの住民が自らの個性や能力を発揮しカラフルなファサードを持つ住居に生まれ変わっていた。

　力仕事が得意な人はそうでない人を助け、植物を育てるのが好きな人は近所の人の目を楽しませるという日常の風景が目に浮かぶ。この建築は、人々の参加を伴い、手が加えられるほど完成度が上がる。さらにはこの建築を担保に住民が商売を始めたり、子どもたちを学校に通わせることができるようになったそうだ。住戸によっては、10倍もの価格がついて転売したエピソードも聞いた。つまり、竣工後に資産価値が向上するこれらのソーシャルハウジングは日本の住宅と真逆のあり方だとも言える。

　エレメンタルのパートナー、ディエゴ・トーレスはソーシャルハウジングの価値が向上する条件として、以下の5原則を挙げている[*1]。

1. 公共サービスや仕事場に近い場所であること
2. コミュニティを形成しやすい配置、中庭型であること
3. 住まいとして完成された構造を持っていること。またそのことにより、住民が簡単に、早く、そして安く住宅を拡張できること
4. インフラストラクチャーが整っていること
5. 中産階級の人々が住む住宅のDNAを持っていること

これは、日本の復興住宅などにも応用できそうな原則である。

ソーシャルハウジングでの暮らし

さて、もう1事例、都市型のソーシャルハウジングの事例を紹介しよう。

「プダウエルの集合住宅」（2008年）は、首都サンティアゴ近郊にある。余白に拡張するタイプであるクインタ・モンロイの集合住宅に対し、こちらは中庭側への増築や床をつくるなど、内部への拡充を前提にしたタイプである。地価、降水量などの外的条件に応えるようにさまざまなタイプが試されている。

住宅の立面に施された彩度の高い色が、この国の乾燥した空気の強い光の中で映える。壁は住民たちで塗ったらしい。色使いがみんな上手だ。

私が訪れた日はちょうどサッカーの試合がテレビ中継されていた。増築したポーチの中で住民たちが盛り上がっていた。

「おまえは Colo-Colo か Universidad Catolica かどっちを応援する？」

そう聞かれた私は、彼らの着ているユニフォームを見て即座に答えた。

「Me gusta Colo-Colo!（コロコロが好きだよ！）」

みんなは狂喜乱舞し、強い酒をたくさん振る舞われた。そして、突撃取材にもかかわらず、住宅の内部を見せてもらうことができた。

ここではソーシャルクラスと応援すべきサッカーチームが紐づいているのだ。ただ、彼らはアラヴェナが Universidad Catolica（カトリカ大学）の出身だというのを知らないのが面白い。

④ リマの実験住宅群 PREVI
メタボリズム再読

メタボリストたちが共同で挑んだ実験住宅

　エレメンタルのソーシャルハウジングの方法論に日本のメタボリズムが影響を与えているかもしれないと言ったら驚くだろうか。

　チリ北部イキケよりもさらに1,000kmほど北上したペルーの首都リマ郊外のスラム街に実験住宅群 PREVI (Proyecto Experimental de Vivienda) はある。

　1965年、このプロジェクトは国連の支援を受け、当時のペルーの大統領であり建築家でもあったフェルナンド・ベラウンデ・テリーにより推し進められた国際コンペが始まりだった。当時リマの人口は、1940年の65万人から1970年には350万人に急増しており、不法居住者が25％を占め、住宅不足とスラム拡大が深刻化していた。コンペではこうした都市の高密度化に対応した新しい集合住宅のモデルが求められた。このコンペには世界中から20組余りの建築家が参加し、最終的には1等を決めずにすべての案をパッチワーク状に建設することが決まり、1978年頃にはすべての住棟が完成した。コンペ当時、高度経済成長期にあった日本からは、都市の成長に合わせた増殖や交換の可能性を追求した新陳代謝する建築の思想「メタボリズム」を掲げる槇文彦、菊竹清訓、黒川紀章が参加。メタボリストたちが建築設計において初めて共働し、唯一実現したプロジェクトと言える。

　彼らは、敷地を短冊状に分割し、設備を含む通り庭（廊下）が敷地の前と後ろをつなぐという日本の長屋や町家的とも言えるタイポロジーを構想した。2階建てのボリュームが反復する隙間に中庭や平屋などが

8. チリ：建築家の社会構築的アプローチ

上：リマ郊外にある実験住宅群 PREVI ／下：日本のメタボリストたちが設計した PREVI の現在（2012年）

配され、増築を前提にした余白があらかじめ計画に組み込まれていた。当初の計画では、社会基盤的な役割を持つ共有の外部空間などと組み合わせた、よりコミュニティを育む提案だったが、簡略化され実施されたようである。

　このモデルでは増築していく際に自然と隙間を手がかりに充填していくことになる。他の建築家の案にも構造的に工夫しながら増築に対応したものも見られたが、なかには設計時の建築家の思想が跡形もなく壊され増改築された例も散見される。計画案すべてが最終的に一様なペルースタイルに改変されてしまったと皮肉を言われることも多いPREVIプロジェクトの中で、日本チームの提案は一際洗練されていたように思える。現在でもその建物の構えは比較的目鼻立ちを維持していると言えなくもない。

南米流メタボリズムの増改築モデル

　エレメンタルのディエゴ・トーレスによるPREVIのリサーチブックやエレメンタルのモノグラフでも、日本のメタボリストの提案が大きく取り上げられ、安全性やインフラの性能を担保しながら増改築を促進させるモデルとして、エレメンタルへの強い影響が伺える[*2、*3]。

　「ペルーでは、1.2×2.4mのモジュールに統一し、生産運搬、組み立てが簡単にできるようにしてコストダウンとセルフエード化を図った。（中略）ペルーの人たちの生活に対応したセルフエード方式の増改築は、生活しやすい環境を実現することであって、それが達成されたと思う」と菊竹清訓氏は述べ、槇文彦氏も「拡張を可能にしたハウスユニットは、入居者達によって15年後、興味あるメタモルフォーゼを遂げていた。そうした意味でこの計画はメタボリズムの思想が産んだ最も勝れた共同作品の一つではないかと今も私は考えている」と述べている[*4]。

メタボリズムの思想が今なお実践されている建築の一つである。

⑤ コンスティトゥシオン市の復興計画 PRES
問いをクリアにする社会構築的アプローチ

【Constitución / Maule】コンスティトゥシオン市はチリ中部マウレ州の太平洋岸に面する港湾都市。人口4万人。主要産業は紙・パルプなどの林業と水産業。美しい海岸を持つリゾート地としても知られる。2010年に起きたマグニチュード8.8の大地震と津波で被災した。

問いをクリアにする住民たちの話し合い

エレメンタルはソーシャルハウジングだけでなく、震災復興や公共空間の整備なども手掛け、社会構築的とも言えるアプローチをとる。クインタ・モンロイのプロジェクトから6年後の2010年、エレメンタルはマグニチュード8.8の地震と津波で被災したチリ南部のコンスティトゥシオン市で復興計画「PRES」に携わる。

彼らはまず「オープンハウス」を設置するところから始めた。スピーカーズコーナーとも言うべきもので、住民たちがプロジェクトについて話し合うための小屋だ。ここでは反対派も含めてさまざまな意見が飛び交う。このような場所を設けるのは、まず復興にあたって、防潮堤をつくりましょう、復興住宅を何軒建てましょう、というのではなく、そもそも何に取り組むべきかという問いをクリアにするためだ。彼らは solution ではなく question に重点を置く。

オープンハウスでの話し合いの結果、再び起こる津波への対策が唯

SEASIDE PROMENADE: BUILT

WATERFRONT AND BEACHES: UNDER CONSTRUCTION

CIVIC CENTER AND CITY SQUARE: TENDER

PUBLIC LIBRARY BY SEBASTIAN IRARRAZAVAL: BUILT

VILLA VERDE HOUSING: BUILT

CONSTITUCIÓN CULTURAL CENTER: BUILT

SCHOOL: BUILT

コンスティトゥシオン市復興計画「PRES」

8. チリ：建築家の社会構築的アプローチ

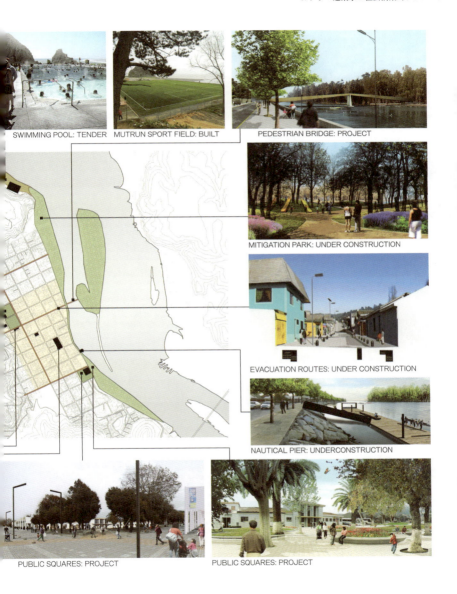

231

一の問題ではないことがわかったという。そもそもこの町は雨水を排水するためのインフラが充分に整備されておらず、毎年洪水に見舞われていた。また、パブリックスペースの質が著しく低いことも課題として挙げられた。

そこで、津波から町を守る「防潮堤」ではなく、海と町の間に「森」をつくることにした。森を設けることで、摩擦力によって津波の力を分散させ、豪雨による雨水の貯水池にもなり、公園としての機能も持つ。こうして複数の問いを設定し直し、一つのアイデアに統合するに至った。

また、プロジェクトの過程で住民に複数の提案を示し、投票で優先順位を決めるなどの合意形成システムも採用している。

当事者をデザインするアプローチ

こうした住民を巻き込むアプローチをとることによって、プロジェクトが建築家や行政に所有された状態から自由になり、プロジェクトを実行する主体が自分たちであると住民が責任を自覚するようになる。そうした強さを持ったコミュニティにおけるプロジェクトでは、行政特有の時間尺度を超えて、建築家は長いスパンでプロジェクトに関わることができるようになると、ディエゴ・トーレスは指摘する[*5]。

エレメンタルに勤務していた時に、彼らのプレゼン資料で「Design the Client」という言葉に出会い、ハッとした。誰がクライアント（当事者）なのかを形づくっていくこと自体にクリエイティビティを見出そうとする、彼らのアプローチを体現する言葉だ。たとえば、復興プロジェクトなどは、発注者は行政だとしても、主体はあくまで住民だ。そのことを明確にし、住民と共に問いを立て直すところから始める彼らのやり方から学べることは多い。

8. チリ：建築家の社会構築的アプローチ

コンスティトゥシオンの被災地（上）、復興計画で提案された公園（中）とプール（下）

233

被災地に建てられた集合住宅ヴィラ・ヴェルデ。上が竣工当時、下が住民が増築し暮らす様子

⑥ ツバメアーキテクツの ソーシャル・テクトニクス

均質化・細分化された社会で建築を実践すること

　チリと日本の違いは何か。南米では人種に紐づいた階級格差やスラムなど、ソーシャルイシューは目に見えるものが多い。一方、日本では一見綺麗な建物の中で起きる孤独死や、セキュリティ万全の福祉施設で起こる虐待は外からはわからない。つまり、人々・資源・時間・領域といった多様性は、近代社会の制度の中で扱いやすいように漂白され、均質化されてきた。それによって私たちは、世代や目的ごとにタイプ分けされ、どこから来たのかわからないモノに囲まれ、決められた敷地や建物に囲いこまれて暮らしている。そのような社会の中で建築を思考し実践を行うために、2013年ツバメアーキテクツを設立した。

多様な活動が連鎖する風景を設計する

　最近手掛けた、社会福祉法人が運営する特別養護老人ホーム（以下、特養）の職員の子どもを預かる保育所の設計と特養のメンテナンスや外構整備を同時に行った「ツルガソネ保育所・特養通り抜けプロジェクト」（2017年）を紹介したい。

　保育所の敷地は特養の北側に隣接し、住宅に挟まれている。すぐ隣には高校もあり、児童、学生、職員、高齢者、近隣住民といったさまざまな世代の人たちが敷地周辺に集まることになる。しかし、従来の施設計画では、彼らが出会う機会を生み出すのは難しい。保育所、学校、特養等の施設建築は、特定の機能や目的に特化することによって効率

的な運営を成立させることを期待されているからである。こうして施設のタイプがそこにいるべき人々のタイプを規定し、敷地の内側に閉じ込めてしまい、敷地ごと、施設ごとに細分化された都市の風景をつくっている。

ツルガソネ保育所・特養通り抜けプロジェクトでは、保育所の新築と、保育所から特養まで通り抜けられる道を通し、軒下土間空間やデッキ、バスケットコートなど誰でも利用できる仕掛けを設けた。こうすることで、敷地を超えた多世代の活動が生まれ、ケアする／ケアされるという人々の関係性が反転するような空間をつくりだした。現地を訪れると、福祉施設の中で多世代の人々が交流する風景に出会える。

このプロジェクトでは、人々の多様な活動に応えるような細やかな設えを、建築を起点に連鎖させる社会構築的なアプローチを試みている。通常の施設建築の枠組みからはこぼれ落ちてしまう、制度化されない人間の身体性に基づいた活動や、それらの活動の連関から空間を組み上げていくことによって、細分化された人々や地域を結びつけることができるのではないだろうか。

我々はこれをソーシャル・テクトニクス（社会的構法）(*6)と呼び、建築を批評し更新していく成熟国家ならではの柔軟な方法論として準備している。

都市と自然、伝統と新技術、発展と格差といった矛盾をどう建築のエネルギーに昇華していくか。チリと日本は相通じる主題を持つ。アラヴェナやエレメンタルはその主題に対して、特に切実で実践的な切り口を提示し、日本流に応用可能な視座を与えてくれる。

日本でも、見えないソーシャルイシューや聞こえない小さな声に耳を傾け、人々、資源、領域、時間の関係を編み直す建築を実践していく必要があるだろう。

8. チリ：建築家の社会構築的アプローチ

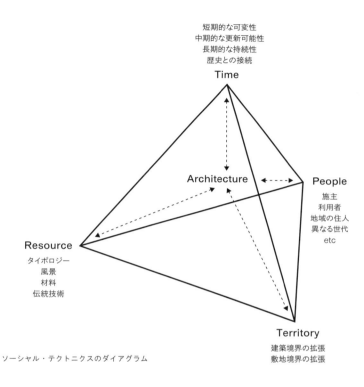

ソーシャル・テクトニクスのダイアグラム

---

*1 横浜国立大学大学院／建築都市スクール"Y-GSA"編
『Creative Neighborhoods ―住環境が新しい社会をつくる』誠文堂新光社、2017年
*2 Diego Torres Torriti, Fernando Garcia-Huidobro, Nicolás Tugas, ¡El tiempo construye!, GG, 2008
*3 Andres Iacobelli, Elemental: Incremental Housing and Participatory Design Manual, Hatje Cantz Pub, 2012
*4 『季刊大林（特集：メタボリズム／2001）』No.48、大林組、2001年
*5 前掲 *1
*6 テクトニクスという言葉に関して、19世紀ドイツの建築家ゴットフリート・ゼンパーは「stereotomic（切石積石術）」の対概念として「tectonic（結構術）」を位置づけている。コロンビア大学の建築史家ケネス・フランプトンは重力の作用に逆らって物質をそこに定着させる建築的手法を「構造学」と呼び、そのモノとモノのテクトニクス（結構）を現前する方法を重視した。ツバメアーキテクツはここに「ソーシャル」という言葉を付加することによって、モノ同士の結構だけではなく、モノと人と領域を時間を伴って結び合せる、社会と空間と時間の結構術として建築を思考していくことを表明している。

237

左上：保育所と特養の俯瞰／左中：保育所の庭／左下：保育所の軒下土間空間

8. チリ：建築家の社会構築的アプローチ

上：ツルガソネ保育所・特養通り抜けプロジェクト、アイソメ／下中：特養の前にあるバスケットコート／
下右：保育所の内観

239

9

寛容な風景を生む、
組織とプロセス

－日本への示唆

加藤優一

かとう・ゆういち｜Open A／公共 R 不動産／（一社）最上のくらし舎代表理事。1987
年生まれ。東北大学大学院工学研究科都市・建築学専攻博士課程単位取得退学。2011年
より東日本大震災の復興事業を支援しながら自治体組織と計画プロセスの研究を行う。
同年、新・港村 Archi+Aid 展 空間デザイン賞ノミネート。2015年より現職にて、建築
の企画設計、まちづくり、公共空間の活用、編集・執筆等に携わる。銭湯ぐらし主宰。

日本における衰退の先の風景

　日本における衰退の先の風景は、どこに向かっているのだろう？本書では、衰退を経験した海外の再生事例を通して、日本が学ぶべきヒントを探った。事例の分析と考察に入る前に、本書を執筆するに至った背景について触れておきたい。

　筆者は震災後、東北大学博士課程に在籍しながら、宮城県の基礎自治体に席を置き復興事業に携わっていた。そこで見たものは日本の行政組織と地方のまちづくりが抱える課題の縮図であった。

　被災地の多くは震災前より衰退傾向にあり、コミュニティやインフラの維持など、将来を見据えた丁寧な復興計画が必要とされた。また、それらを実行するための外部リソースの活用、地域の主体性を促す行政のマネジメントが求められた。しかし、自治体は復興予算確保のために、国が設定する限られた期間内で、省庁別の事業メニューに合わせた復興を辿ることとなった。また、現場では業務の増加と人材不足により、復興担当課に負担が集中し、住民との合意形成や関係機関との調整に苦心した。結果的に質的な議論が不十分なまま、突貫的・形式的な制度に則って風景は生み出された(*1)。

　このような課題は非常時に顕在化しただけで、決して復興特有のものではない(*3、4)。予算消化の目的化、保身に向かう縦割り組織、形式的な会議や住民参加など、これらは誰かの明確な意思ではなく、長い時間の中で慣習化され、誰にもコントロールできなくなりつつあるシステムの弊害である。そして今、住民にとってはどこか他人事だった課題も、公的サービスの低下として目の前に現れつつある。私たちは、来たる将来に向け対策を講じなければならない。行政はもちろん、民間の力も不可欠だ。

ただ、この柔軟性を欠き、身動きのとれなくなった状況下において、自分たちの手で豊かな風景をつくりだすには、何から始めればよいのか？　そのヒントを探すことが、本書の目的のひとつだ。

　本章では、ある種の衰退から創造的に再生した地域を「CREATIVE LOCAL（クリエイティブローカル）」と名づけ、その魅力的な風景がどのように生まれているのかを「組織」「プロセス」「風景」に分けて紐解いている。ここで言う組織とは、プロジェクトを推進する民間または行政の主体であり、風景とは、CREATIVE LOCAL の街並みや空間に加え、そこで生まれる活動や変化の様子を含む。

　本書で扱った事例に共通する特徴は、組織とプロセスが柔軟であることだ。民間主導でできることから始め、多様なプレイヤーを巻き込みながら臨機応変にプロジェクトを進めている。また、住民も主体的に関わっており、行政は民間が活動しやすい枠組みを構築している。そして、組織とプロセスが密接に関わり合い、その関係性が風景として現れている。これらは、従来の都市の形成手法とは対照的なものであり、変化の背景には、現代における都市の縮小と価値観の転換があるようだ。以降、本書の事例の共通点を整理しながら、日本に応用可能な手掛かりを考察していく。

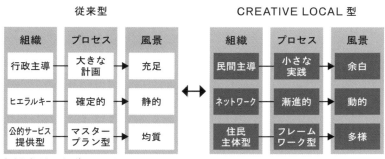

都市形成手法のパラダイムシフト

② CREATIVE LOCAL の組織

　CREATIVE LOCAL を生み出す組織の特徴は、上意下達の意思決定を基本とするピラミッド型組織ではなく、フラットなネットワーク型組織であることだ。メンバーそれぞれで主体的に連携し合う組織が、新しい風景を生んでいる。

①民間主導・行政支援：適切な役割分担

　組織における最初の特徴は、民間がプロジェクトを牽引し行政が後押しするという役割分担だ。組織を立ち上げるメンバーは、社会問題の解決を目指す民間人が多く、課題が明確でスピード感がある。

　イギリス・リバプールの事例では、民間組織による自発的な地域再生の取り組みに対し、行政が活動のフィールドと資金を提供している。また、その他の事例でも、民間のプロジェクトに対し、行政が金銭面・情報面などでサポートしており、姿勢は共通する。

　本書で扱ったのは海外事例だが、日本の地方都市にも、事業への意欲とパブリックマインドを持つ企業や住民は必ずいるはずだ。行政は彼らのことを、管理対象や業務の発注先としてではなく、共に地域経営を担うパートナーと捉え、連携を図ることが重要になる。たとえば、民間が事業を始めようとした際に、行政が関係機関との調整や資金調達のしくみづくりなどをサポートすることで、民間の主体性は促され、結果的に行政コストの削減につながることも期待できる。多様化した地域課題には、民間の多面的かつ専門的なアプローチが有効であり、行政にはそのマネジメント機能が求められる。

②ネットワーク組織：多様なステークホルダーの参加

　次の特徴は、CREATIVE LOCAL を推進する組織が、多くの関係者によるネットワークを構築している点だ。社会的な課題に気づいても一個人で解決することは難しい。本書で扱った事例の多くが、人々に門戸を開き、関わり方のグラデーションを用意することで、多様なプレイヤーを巻き込んでいる。さらに、情報技術の活用や資源のオープンソース化により、他地域で活動を展開するプラットフォームの役割も果たしている。

　ドイツのアーバンガーデンやハウスプロジェクトは、土地・建物の所有者と使用者双方に利益が生まれるしくみになっている。同時に、地域住民や支援者も自然に関わり合うことができている。他の事例でも、ビジネスとして関わる人からライフワークとして関わる人まで目的はそれぞれだが、価値観が共有されていることで、多様な活動がプロジェクトに集約されている。

　日本の行政組織で応用するにはどうしたらよいか。たとえば制度改正などせずできることとして、縦割りの弊害に対しては、具体事業を対象とした横断的なプロジェクトチームの設置が改善策となる。チームに必要な権限と責任を与えることができれば、担当者が異動しても総合的な視点で事業を継続していくことができよう。加えて、担当分野の実績に対してインセンティブを与えることで、異動を前提とした事なかれ主義にも変化が生まれる可能性がある。部局間の連携に合わせて、情報の一元化やブレインストーミングなどの柔軟な会議手法を取り入れることも有効であろう。さらに、担当課という理由で専門外の業務を担う非効率の是正や、多様な視点を組織内に取り込むためには、民間経験者の雇用や企業への出向も積極的に検討すべきではないだろうか。

③住民主体のチームビルディング：当事者意識の醸成

　続いての特徴は、住民が自立的かつ持続的に街を運営できるように、彼らの当事者意識を促すような組織づくりを行っている点だ。組織を立ち上げたメンバーも、モノをつくるだけでなく企画から運営まで関わることが多い（*5）。

　イギリスのアッセンブルは、建築のプロセスに住民を巻き込むとともに、地域にビジネスを生み出す組織を設立しており、時間をかけて住民と街の関係性を築いている。資金についても、個人事業家などから調達し補助金には頼っていない。また、イタリアのアルベルゴ・ディフーゾやアグリツーリズムは、地域の暮らし自体を観光資源化する取り組みであり、住民とその価値を共有することで、地域への愛着や主体的な参加を促している。

　筆者が席を置いた宮城県の自治体でも、公共施設の計画段階から運営を見据え、住民ワークショップや関係部局との連絡会議を設けていた。漠然とした議論ではなく、自らの生活に関わる事象を扱うことが、自分事として街を捉える契機になる。今後は、住民が公的サービスの一部を担うことも想定しなければならない。行政は、住民の協力なしではできないことを明確にし、彼らが参加するメリットやモチベーションを組み込んで組織をデザインすることが重要だ。

開発事業における組織の変化／リバプール、グランビー・フォー・ストリートの事例

③ CREATIVE LOCAL のプロセス

CREATIVE LOCAL を醸成するプロセスは、先に全体像を決めて計画通りに遂行していくマスタープラン型の進め方ではなく、試行錯誤の中で最適解を導いていく、フレームワーク型の漸進的なプロセスだ。課題解決だけではなく、参加者やプロジェクトが成長する過程を大事にしている。

①小さな実践からのスタート：プロセスの共有

プロセス面の一つ目の特徴は、小さく始め、つくりながら広げる進め方だ。民間主導の活動は、最初から規模が大きいわけではないが、経営的な視点と地域に根ざした活動により、徐々にその動きを定着させている。また、完成したものを見せるのではなく不完全な状態からプロセスを共有していくことが、地域や関係者の理解を促している。

イタリアのアルベルゴ・ディフーゾやアグリツーリズムは、ほとんどの宿が1〜2軒からスタートし、少しずつ数を増やしながら地域に経済循環を生んでいる。さらに、協会を設立することで、追随事例を促すとともに、新しい観光のムーブメントとして広域的なプロモーションにつなげている。他方、ドイツのアーバンガーデンでは、理想的な都市の使い方を実験的に形にすることで、議論を生み、住民が空間の自由を手に入れる素地を生んでいる。対話を通して都市の形成プロセスに関与する試みは、小さな民主主義の実践とも言える。

日本における地域の開発プロセスでは、計画ができあがった後に住民説明会などが行われ、合意が得られないことも多い。一方で震災後は、迅速なビジョンの提示や具体的な情報提供が必要とされた際に、顔の

見える自治会組織が合意形成に寄与した。本書の事例のような小さい活動でも、将来のイメージを共有していくことが事業者と地域の信頼関係を醸成する。行政には、過度な公平性や厳密さが求められがちだが、政策プロセスの早い段階から、適切な単位で住民と対話を図ることが、その偏った関係性の改善にもつながるはずだ。また、実質的な参加のプロセス自体が地域の再生につながると言えよう。

②漸進的プロセス：柔軟な意思決定

二つ目の特徴は、予測可能な将来を見据えつつ軌道修正しながら照準を定めていく、漸進的なプロセスだ。変化に対応できないことはリスクを伴う。行政が策定する各種計画も、前提条件が変われば内容に矛盾が生じるだけでなく、新しい取り組みの可能性を制限しかねない。本書の事例は、臨機応変にプロジェクトの在り方を転換しており、部分をつなげていく軌跡のように全体像を紡ぎ出している。

ドイツでは、空き家を暫定利用する取り組みが成功したことで、一般市民が住めなくなるほど不動産市場が高騰したため、空き家を共同購入し市場に流出させないハウスプロジェクトが立ち上がった。また、ラオジッツの IBA では、状況に応じてプロジェクトの内容を修正しているが、想定していなかった活動に需要が生まれている。

刻一刻と状況が変化する現代では、決めすぎないという決断も選択肢の一つだ。日本の行政においても、長期計画のスピード感や解像度では対応しきれない課題への対処法が必要となる。たとえば社会実験を通して、制度上の課題や新しいニーズを把握し、規制緩和や政策へ反映することも有効であろう。これは計画を前提とする PDCA サイクルではなく、観察を優先する OODA ループに近い意思決定手法であり、条件が変化するなかで計画を修正していく試行でもある。

③フレームワーク型の政策形成：ボトムアップの組み込み

　三つ目の特徴は、行政がトップダウンで計画を詳細に決める代わりに、住民や企業の取り組みを活かすためのフレームワークを設定している点だ。すでに動いている民間の活動を政策に組み込みつつ、実働は民間に委ねている。

　デトロイトでは、行政が戦略的なフレームワークを設定しているが、縮退を前提とした土地利用やコミュニティ再生に関する政策は、民間の活動がベースになっている。また、イタリアのアグリツーリズムやアルベルゴ・ディフーゾは民間が事業をはじめているが、前者は国が法を定め政策化し、後者は州が条例を定めクオリティを担保している。

　日本の行政においても、事業の枠組みを考える段階から、民間の発想を取り入れる努力が徐々に始まっている。具体的には、民間による提案制度や、対話によって市場ニーズを把握するサウンディング調査、条件設定自体を民間のエージェントが代行するケースなどである。役割とリスクを適切に分担できる民間と連携するためには、事業者の募集・審査・発注などにおいても、民間のノウハウを活かせるような柔軟な枠組みが必要だ。

従来型の行政によるマスタープラン

```
        方針
         |
        政策
      /  |  \
  各種事業
```

行政の計画に基づく政策執行・業務委託

民間の事業を活かすフレームワーク

フレームワーク

各種事業
（民間事業を含む）

民間が活動しやすい枠組みを行政が設定

行政政策におけるプロセスの変化／デトロイト、戦略フレームワークの事例

④ CREATIVE LOCAL の風景

　以上のように、状況に応じて変化するフレキシブルな組織が、変化を許容する柔軟なプロセスを可能にしている。そして、この関係性は風景として立ち現れる。

①余白がある未完の風景：生産する都市

　民間主導の小さな実践は徐々にプロジェクトの精度を上げていくため、最初から空間が完成しているわけではない。また、参加の余白も意図的にデザインされており、人々に開かれた風景を生み出している。

　チリのエレメンタルは、集合住宅の半分を公的に整備し、半分は住民が手を加えられる余白として残している。他方、ドイツのアーバンガーデンは、工房や菜園など利用者がカスタマイズできるコンテンツが散りばめられ、参加を誘うような空間だ。また、テンペルホーフ空港やラオジッツのIBAのような非日常的なスケールの余白と機能の転換は、シュルレアリスム的な違和感があり、都市への好奇心を促してくれる。使われていなかった空間が、新しい価値を見出されドラスティックに変化する様子は、舞台芸術を見ているようなワクワクする風景だ。

　なぜ人々は、自らの手で状況を変えられるような風景に魅力を感じるのだろうか？　私たちは、近代がつくりだした消費活動のための都市に対し、何かを生産できる都市を欲しているのかもしれない。植物を育てることから観光産業を生むことまで、本書の事例で共通することは、人々が生産的な活動を通して都市にコミットしていることだ。近代は、産業が都市の風景を形成してきたが、今、いったん役割を終えた風景から、新しい産業が想起されている。

②時間を内包する風景：動的な空間

　漸進的なプロジェクトは常に現在進行形であり、変化の余地を含んだ途中経過として現れる。その土地で培われてきた資源が新しいアイデアによって耕され、その動きの中で街の姿が変化していく。時間とともに移ろいゆく風景は、人々の営みを感じる生きた風景だ。

　デトロイトでは、所有から開放された住宅地が、時を経て農地に変わろうとしている。廃墟となったビル群は、まるで新しい地形のようでもあり、その場所を開拓するようにクリエイティブな活動が生まれている。他方、イタリアのアグリツーリズムやアルベルゴ・ディフーゾでは、変化の点を徐々に増やしていく手法が新旧の調和を生んでいる。私たちは、点をつなぐように街を認識し、歴史や文化体験の一部として風景を経験する。

　近代がつくる静的な風景に対し、現代の風景は動的だ。成長を前提とした近代には、この先も同じ時代が続くことを象徴するような、明快で堂々とした風景が生みだされた。一方、現代では、動きのあるデザインが意識されたり、建築自体に材料の再利用や可変性が取り入れられたりする。大きな時間の流れの一過程であることを示すような空間は、時間から切断された空間にはないダイナミズムを纏っている。

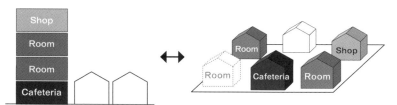

街の再生における風景の変化／イタリア、アルベルゴ・ディフーゾの事例

③多様性に彩られた風景：見えない秩序

住民主体のプロジェクトは、住民の活動や地域の文化が風景の構成要素となる。それは一見無秩序なものに見えるかもしれないが、その土地の風土や身体感覚などの総体として現れる、豊かな風景だ。関わった人は風景を通して自分が相互関係の中にいることを認識することもあるだろう。

ドイツのアーバンガーデンやハウスプロジェクトでは、既存の空間をキャンバスのように彩る活動が風景となり、多様な人々で空間を共有する価値が表現されていた。本書で紹介したイギリスとチリの建築家は、そういった活動を建築の意匠に取り込んでいる。また、イタリアのアルベルゴ・ディフーゾ協会の会長にインタビューした際、「1人の経営者がオーガナイズすることを推奨する」と述べていたが、多くの資源を再編集して一つの世界観をつくることも、魅力的な風景を生み出すポイントと言える。

多様な要素が共存しながら、一つの空気感に包まれた場所は心地良い。厳格な規制がなくとも、自己責任や暗黙の了解で成り立つ空間には、見えない秩序が共有されているからだ。誰かが全体を統合している場合もあれば、計画からは生まれないコラージュ的な風景が自然に統一感を帯びる場合もある。現場での即興性や偶発性を楽しむこれらの手法は、プロジェクトの主体が現場に近いことで可能になっている。

これまで見てきたように、組織・プロセス・風景は密接に連関しており、風景は組織とプロセスの現れでもある。この関係性は震災後にも顕在化されたが(*6)、日本の行政政策やまちづくりを変えていくためにも、まずは組織とプロセスの運用から見直す必要があると言えよう。本書で触れていない予算や議会のシステムなど多くの課題はあるが、前述のように今からできる試行も多い。衰退の先にどのような未来を迎えるか。その選択は、私たちに委ねられている。

⑤ 所有から所属へ

　最後に、CREATIVE LOCAL の背景にある価値観の変化について考察したい。それは、所有に対する意識の変化である。

　たとえば、イタリアのアルベルゴ・ディフーゾは、街全体で地域の資源を共有することによって、新しい宿のしくみをつくり、ドイツのハウスプロジェクトでは、共同住宅の所有権を個人から法人に移すことで、柔軟な利用を生んでいる。他の事例でも、あえて個人で所有せず、複数で共有することに意識的であり、その所有形態が、明確な境界を持たない、あいまいな風景を生み出していた。

　彼らは「共有」の先に何を求めているのだろう？

　それは、新しい共同体への「所属」を通して帰属意識を手に入れることではないだろうか。近代は、地縁・血縁などの共同体に帰属していた個人を、一つの大きな経済システムに動員することで発展してきた。そこに必要だったのが「所有」の概念である。私たちは、労働の対価として貨幣を受け取り、私的な所有と消費を繰り返し、マイホームなど幸せのパッケージを手に入れてきた。しかし今や、地位や資産を手に入れても将来の価値は保証されない。所有を介して幸福感を与えてくれた社会のシステムは崩れつつある。

　私たちは、自ら「所属」する共同体を見出す必要がある。先行きが不透明な現代において、帰属先を限定することはリスクを伴う場合もあるが、その対象には複数の選択肢がある。多様な価値観の中から、状況に応じて地域・組織・コミュニティなどを選択し、自身のストーリーを構築していくこともできよう。日々の暮らしを、誰とどのように共有していくか。シェアの概念が注目されているのは経済的な理由だけではない。

本書で扱った事例には、参加の余白と多様な役割が用意されていた。時に生産者となり、時に出資者となる。提供する資源もお金だけではない。人（知識・技術）、物（材料・空間）、事（情報・体験）、それぞれの要素が重なりあうことでプロジェクトは成立する。それは、自分が何かを生み出しているという実感を伴うストーリーだ。私たちは、この小さな物語への参加、新しい共同体への所属を通して、帰属意識を持ちながら社会とのつながりをつくりだすことができる。

CREATIVE LOCAL の風景は、自分が関わっても良いと思える、どこか隙のある風景だ。近代の分業化によって生まれた、一極集中や郊外化、ゾーニングなどの明確な機能をもった風景とは異なる。現代が一つの価値観で解けないことを潔く認めるような、寛容で、あいまいな風景。それが、次世代の豊かさを象徴する、衰退の先の風景なのかもしれない。

*1 東日本大震災の復興では、前述した制度上の課題を創造的に乗り越えようとした事例も見られる（*2）。
*2 加藤優一「復興プロポーザル支援プロジェクト『創造的復興』の象徴を目指して」第4回復旧復興支援部会復旧復興支援建築展、2012年
*3 馬場正尊、加藤優一「空き家ビジネスと観光まちづくり」『新都市』2016年8月号
*4 馬場正尊ほか『エリアリノベーション』学芸出版社、2016年
*5 建築家が扱う領域が広がっていることも、国内外共通の現象である。建築によって課題や価値を実体化し、コミュニティなどの繊細な存在を定着させるとともに、多様なコンテクストを読み込み、条件設定や運用段階で得られる気づきをプロジェクトにフィードバックすることが意識されている。
*6 筆者は、東日本大震災後の基礎自治体の組織体制と計画策定プロセスの関係について研究を行っている（*7、8、9）。たとえば、人口規模が近い二つの自治体を、仮にA・Bとして、発災年度から次年度への変化を比較してみる。まず、組織体制について、Aは被害状況に応じた業務量の増加に合わせ、部局を事業ごと分けた一方で、Bは一つの部局内にチームをつくることで事業間連携を図った。その結果が、計画策定プロセスに影響しており、Bは年度をまたいでも議論が継続的に積み上げられ、複数の事業の調整を可能にした。また、部局内で情報を共有できたため会議数が削減され、コンパクトな意思決定につながっていた。その他、専門家を検討段階の会議から起用することで事業の調整を促すなど、複数の計画を実施に結びつける工夫が見られた。研究で扱ったのはここまでだが、上記の特徴は空間形成にも関係している。Bは住宅地の整備に際し世帯構成が偏らないように、災害公営住宅を整備する区画と、住民が自力再建する区画を一体的に配置したが、これは両事業を担当するチームが当初より部局内で連携していたため実現できたことだ。
*7 小野田泰明、加藤優一ほか「災害復興事業における計画実装と自治体の組織体制」『日本建築学会計画系論文集』2015年
*8 加藤優一ほか「復興に向けた自治体の組織体制の構築」『日本建築学会大会学術講演梗概集』2014年
*9 加藤優一「東日本大震災における自治体の計画策定手法に関する研究」公益財団法人大林財団奨励研究、2013年

おわりに：理想の風景から、方法を逆算する。

　地方都市の郊外のバイパスを車で走りながら、いつも思うことがある。僕らはこの風景を望んでいたのか。安価なモノが均質に並ぶ、日本中どこにでもある風景。この風景は欲望の集積であり、僕らが望んだものだ。そこで手に入れたものは何だったのだろう？

　この本で考えたかったのが、風景から方法を逆算すること。衰退の先に新しい幸せな風景を発見し、その風景が形成されるメカニズムを探すことだった。国は違っても、変化の構造は驚くほどシンクロしていた。所有から共有へ、ヒエラルキーからネットワークへ、組織主導から個人の活動の集積へ、集中から分散へ。あらゆる街で価値観の逆転が起こっていた。

　そしてわかったのは、衰退は悲しいことではないということだ。それは、ひとつの現象であり、ポジティブに受け入れ、楽しむべきものなのだ。

　人口が減り、既存のシステムに隙ができるからこそ、新しい発想や活動が入り込み、これまでになかった価値を生み出す余地ができる。だから、突き抜けたクリエイティブは、衰退の先にこそ生まれている。

　日本の社会は、これから大きな実験の時期を迎えるのではないだろうか。僕らは今からそれを楽しまなければならない。

　この本の編集を通し、世界のいろいろな街で試行錯誤を繰り広げる建築家や研究者に出会うことができた。斬新な切り口と卓越した文章が揃ったことで、「風景と社会システムの関係性」を論じた、これまでにない存在感を放つ本ができたと思う。この新たな才能たちが、次の時代の都市の論者／実践者になっていくだろう。

　最後に、常にしっかりとした視野でこの本の構想から導いてくれた東北芸術工科大学研究員の佐藤あさみさん。いつも的確な視点によって全体構成からディティールに至るまで、僕らの散らかった思考と文章をまとめあげてくれる学芸出版社の編集者、宮本裕美さん。

　みなさんの存在なくして、この本はありえませんでした。とても感謝しています。ありがとうございます。

2017年11月　馬場正尊・中江 研・加藤優一

図版出典・クレジット

馬場正尊：p.5、8（上）、11、15

加藤優一：p.8（下）、130、242、245、248、250

中橋 恵：p.26、28、34、35（上、下右）、38、39、42、43

Fulvio Ponzuoli：p.35（下左）

菊地マリエ：p.51、55、58、59、62、66、67

大谷 悠：p.74、75（上）、76、77（上）、78、79（下）、82、83、84（下）、86、89、94、96

Wurze Zwei：p.75（下）

Siegfried Kuntzsch：p.77（下）

HausHalten e.V.：p.79（上）、84（上）

Feuersozietät | https://www.feuersozietaet.de：p.102（上）

ミンクス典子：p.102（下）、103、106（下）、107、110、111、114（上）、115、119、122

Prinzessinnengärten | http://prinzessinnengarten.net：p.105（左）、106（上左、上右）、108、109

KptnCook | https://blog.kptncook.com：p.105（右）

Wikimedia：p.113

BZ-Berlin | http://www.bz-berlin.de：p.114（下）

Neue Nachbarschaft | http://www.neue-nachbarschaft.de：p.120

Stiftungsgemeinschaft anstiftung & ertomis | https://anstiftung.de：p.123

中江 研：p.133、134、135、142（上、中）、143、146、147

IBA Fürst-Pückler-Land (Hg.), Neue Landschaft Lausitz, Jovis Verlag, 2010：p.137

IBA Fürst-Pückler-Land (Foto：Gelu Bogdan / Design：buero beyrow)：p.138

IBA Fürst-Pückler-Land (Foto：Peter Radke/ LMBV / Design：buero beyrow)：p.139

Detlef Attila Hecht：p.142（下）

阿部大輔：p.154、155、158、161、170（上）、171、173

Recovery Park | http://www.recoverypark.org：p.162、163（下）、165

Self Help Addiction Rehabilitation：p.163（上）

Detroit City Futbol League | http://www.detcityfc.com：p.170（下）

Detroit Works Project, 2012：p.175

漆原 弘：p.183、186、190（下）、191、194（左上、右上、右中）、202（上）

EU Mies Award ／ The Fundació Mies van der Rohe | http://miesarch.com/work/3583：p.185、193

Katharina Ritter, Angelika Fitz and Architekturzentrum Wien Az W, Assemble: How We Build. Hintergrund 55, Park Books, 2017：p.187

Granby Four Streets Community Land Trust：p190（上）、194（下）、195

Taktal：p.198、199、202（下）、203、206、207

山道拓人：p.213、215（上）、218、222、223、227

ELEMENTAL：p.215（下）、220、221、230、231、233、234

Tadeuz Jalocha：p.219（上）

Cristóbal Palma：p.219（下）

Tsubame Architects：p.237、238（左中、左下）、239（上）

Kenta Hasegawa：p.238（左上、右下）、239（右下）

本書はJSPS科研費JP16K06657、JP15H04106 の研究助成による成果の一部です。

編著者

馬場正尊 | ばば・まさたか
Open A 代表／公共 R 不動産ディレクター／東北芸術工科大学教授。1968年生まれ。早稲田大学大学院建築学科修了後、博報堂入社。2002年 Open A Ltd. を設立。建築設計、都市計画まで幅広く手がけ、ウェブサイト「東京 R 不動産」「公共 R 不動産」を共同運営する。建築の近作に「Re ビル事業」「佐賀県柳町歴史地区再生」「Shibamata FU-TEN」など。近著に『公共 R 不動産のプロジェクトスタディ 公民連携のしくみとデザイン』『エリアリノベーション 変化の構造とローカライズ』(以上、学芸出版社)など。

中江 研 | なかえ・けん
神戸大学大学院工学研究科建築学専攻准教授。略歴は p.126

加藤優一 | かとう・ゆういち
Open A／公共R不動産 ／(一社)最上のくらし舎代表理事。略歴はp.240

CREATIVE LOCAL
エリアリノベーション海外編

2017年12月10日　初版第1刷発行
2020年 6月20日　初版第2刷発行

編著者	馬場正尊・中江 研・加藤優一
著者	中橋 恵・菊地マリエ・大谷 悠・ミンクス典子
	阿部大輔・漆原 弘・山道拓人
発行者	前田裕資
発行所	株式会社学芸出版社
	京都市下京区木津屋橋通西洞院東入
	Tel. 075-343-0811
編集	馬場正尊＋加藤優一（Open A）
	宮本裕美（学芸出版社）
デザイン	小板橋基希＋小谷拓矢（アカオニ）
印刷・製本	シナノパブリッシングプレス

© 馬場正尊ほか　2017 Printed in Japan
ISBN 978-4-7615-2666-5

JCOPY 【（社）出版者著作権管理機構委託出版物】
本書の無断複写（電子化を含む）は著作権法上での例外を除き禁じられています。複写される場合は、そのつど事前に、（社）出版者著作権管理機構（電話 03-3513-6969、FAX 03-3513-6979、e-mail: info@jcopy.or.jp）の許諾を得てください。また本書を代行業者等の第三者に依頼してスキャンやデジタル化することは、たとえ個人や家庭内での利用でも著作権法違反です。